才情是女人的耀眼光芒。

做一个
有才情的女子

张卉妍 / 编著

吉林文史出版社
JILIN WENSHI CHUBANSHE

图书在版编目（CIP）数据

做一个有才情的女子 / 张卉妍编著 . -- 长春 : 吉林
文史出版社 , 2018.11（2021.12重印）

ISBN 978-7-5472-5710-4

Ⅰ . ①做… Ⅱ . ①张… Ⅲ . ①女性－修养－通俗读物
Ⅳ . ①B825-49

中国版本图书馆 CIP 数据核字（2018）第266329号

做一个有才情的女子

出 版 人　张　强

编　　著　张卉妍

责任编辑　弭　兰

封面设计　韩立强

图片提供　摄图网

出版发行　吉林文史出版社有限责任公司

地　　址　长春市净月区福祉大路5788号出版大厦

印　　刷　天津海德伟业印务有限公司

开　　本　880mm×1230mm　　1/32

印　　张　6

字　　数　120千

版　　次　2018年11月第1版

印　　次　2021年12月第3次印刷

书　　号　978-7-5472-5710-4

定　　价　32.00元

前 言

PREFACE

才情，是女人永不过时的衣裳。真正有才情的女子从不畏惧，不浮躁，不虚荣，气质优雅，睿智豁达。

多读书，养才情。有才情的女子才能活得从容优雅。读书带给女人思考；带给女人智慧；使女人空荡荡的漂亮大眼睛里变得层次丰富、色彩缤纷；使女人明白自身的价值、家庭的含义，明白女人真正的美丽在哪里。喜欢读书的女人内心是一幅内涵丰富的画，文字可以培养性情、陶冶情操。喜欢读书的女人常常是有修养、有素质的。一个女人最吸引人的地方就在于因她丰富的内心世界从而表露出来的优雅气质。"书中自有黄金屋，书中自有颜如玉。"岁月的流逝可以带走姣好的容颜，却无法带走女人越来越美丽和优雅的心灵。书籍，是女人永不过时的生命保鲜剂。

会说话的女人是才情的化身。说话，作为一种艺术具有巨大的美感与魅力。它能缔造友情、密切亲情、调和关系等，是人际交往中不可缺少的工具，更是连接人与人之间关系的纽带。会说话的女人能适时送出赞美，让人听了如沐春风；会说话的女人能让批评也变得悦耳中听；会说话的女人懂得什么时候该温柔婉转，什么时候该仗义执言；会说话的女人能适时转变话题，避免冷场。总之，如果一个女人懂得如何说话，就能够树立美好的形象，提高自己的魅力，让自己变得更加优雅和有气质。

每一个有才情的女子都会拼着一切代价，奔自己的前程。女人的自信，是一种和谐的美，是生活与事业的协调，生活与事业的协调是女人自信的源泉，快乐的生活、成功的事业使女人拥有和男性同样平等的权利；使女人更加重视自我价值；使女人在事业与生活中懂得取悦自己而非取悦他人；使女人懂得如何让自己生活得跟男人一样舒展、快乐。

《做一个有才情的女子》是一本提高女性认识，指引女性学会独立，在生活中不断成长的心灵读本。从女性的视角出发，以理想而实用的方式、睿智优美的笔触，叙写了女性如何培养才情。这些方法都是从女性生活的方方面面中提取而出的，既包括性情方面的，也包括学识内涵、品位格调等方面的。它们有的易被女性所忽略，有的不易被女性贯彻执行，有的甚至会颠覆女性以往的思想认识，但无一不是对于女性自身才情的发掘和提升有着重要的影响。

目 录
CONTENTS

第三章　从容不迫，有智慧的女人不慌张

第四章　美丽有质，唯有知性能打败岁月

第七章　不妥协，不将就，为自己而活

第一章

才情，
一种历久弥香的美丽

才情是女人的耀眼光芒

谚语云:"才情是穿不破的衣裳。"衣裳,自然是与风度美息息相关的,所以,现代女性中注重培养自身风度之美者,在不断改善自身的意识结构和情感结构的同时,无不特别注重改善自身的智力结构,积极接受艺术熏陶,使自己的风度攫取浓重的才情之光。

"才情之美"的魅力,是拥有独立自主的意识状态和自尊自重的情感状态。才情女子勇于接受来自各方面的挑战,善于从大自然与人类社会这两部书中采撷才情,从而不再留有"男性附庸"的余味。

富于才情的女性,善于对日常应用的思维方式和行为方式进行艺术的提炼。例如,遇人、遇事如何以有效的思维方式,迅速采用最恰当的接待方式,以便使行为方式表现出稳重有序、落落大方的风度。

才情女人的优雅举止令人赏心悦目,她们待人接物落落大方;她们时尚、得体,懂得尊重别人,同时也爱惜自己。才情女人的女性魅力和她为人处世的能力令人刮目相看。

灵性是女性的才情,是包含着理性的感性。它是和肉体相融合的精神，是荡漾在意识与无意识间的直觉。灵性的女人有那种单纯的深刻，令人感受到无穷无尽的韵味与极致魅力。

弹性是性格的张力，有弹性的女人收放自如，性格柔韧。她非常聪明，既善解人意又善于妥协，同时善于在妥协中巧妙地坚持到底；她不固执己见，但自有一种非同一般的主见。

男性的特点在于力，女性的特点在于收放自如的美。其实，力也是知性女人的特点。唯一的区别就是，男性的力往往表现为刚强，女性的力往往表现为柔韧。弹性就是女性的力，是化作温柔的力量。有弹性的女人使人感到轻松和愉悦，既温柔又洒脱。

真正的才情女性具有一种大气而非平庸的小聪明，是灵性与弹性的结合。一个纯粹意义上的"知性"女人，既有人格的魅力，又有女性的吸引力，更有感知的影响力。她不仅能征服男人，也能征服女人。

才情女性不必有闭月羞花、沉鱼落雁的容貌，但她必须有优雅的举止和精致的生活。

才情女性不必有魔鬼身材、轻盈体态，但她一定要重视健康、珍爱生活。

才情女性在瞬息万变的现代社会中，总是处于时尚的前沿，兴趣广泛、精力充沛，保留着好奇、纯真的童心。

才情女性不乏理性，也有更多的浪漫气质。春天里的一缕清风，书本上的精词妙句，都会给她带来满怀的温柔、无限的生命体悟。

才情女性因为经历过人生的风风雨雨，因而更加懂得包容与期待。

才情女性内在的气质是灵性与弹性的完美统一。

哈佛大学一项关于女性的研究表明，女人才情美的魅力主要体现在以下几个方面：

1. 独特的个性

女性的美貌往往具有最直接的吸引力，而后，随着交往的加深、深入的了解，真正能长久地吸引人的却是她的个性。因为这里面蕴含了她自己的特色，是在别人身上找不出来的。

2. 丰富的内心

有理想、有知识，是内心丰富的两个重要方面，这是现代女性必不可少的。知识使女性大放光彩。除此以外，女性还需要有宽广的胸怀。法国作家雨果说过："比大海宽阔的是天空，比天空宽阔的是人的胸怀。"

3. 高雅的志趣

高雅的志趣会使女性锦上添花，从而使爱情和生活充满迷人的色彩。

每个女性的气质不尽相同。女性的气质跟女性的人品、性情、学识、智力、身世经历和思想情操是分不开的。要想有优雅的气质和风度，就必须有良好的教育和修养。

4. 优雅的言谈

言为心声，言谈是窥测人们内心世界的主要渠道之一。在言谈中，对长者尊敬、对同辈谦和、对幼者爱护，这是一个知性女人应有的美德。

才情女人用才华装点自己，用情感鼓舞别人，有才情的女人更让人怜惜，有才情的女人也一定会得到她们想要的生活。

容貌可以复制，才气不能粘贴

有位著名节目主持人曾说过，从没有人说她长得漂亮，她自认为长得很一般，但她从未因为没有"花容月貌"而难过，反而觉得长相一般的女孩容易在其他方面努力。因为知道自己不管如何打扮都不可能光芒四射，那只好多看几本书，多做些别的事了。她说：

我想"漂亮"不光是指外貌，女性美的表现在于一种母性，不管她是不是做妈妈。另外，我觉得女人的美丽更主要的是在思想方面。我曾经问过许多大导演："你们整天生活在美女堆里，是不是老要动感情？"他们就说："没有，许多女人只有漂亮的脸蛋，根本没法触动我们。"所以，一个女人的思想很重要，如果跟不上时代，总以为搽脂抹粉就可以留住男人的心，我觉得那是一种妄想。只有在思想上不断挑战他，才会给男人一种新鲜感和刺激感，这非常重要。

优秀的女人还应当是矜持的女人。她从来没有接触影视剧的打算，尽管有很多导演都找过她。她的矜持让她无法接受这个行业。"我没法接受是因为很难有一部戏不让女主角与别人拥抱或接吻。"严肃而深刻的思想使得她与那些人无法亲密接触。

优秀的女人还应当追求完美人生。她认为，事业很重要，但完整的人生更重要。"所以我会选择在适当的时候结婚、生孩子。人生对我是全方位的，不是只有事业这一方面。"

对于被称为美女，她这样分析：

我觉得"漂亮"这个词绝对是一个很相对的、很个人化的观点，这好像是命运在开玩笑一样，就是这么一种很普通的感觉。人的长相是父母给的，还是要自己喜欢自己。但是有一个说法，我挺喜欢的，它说，女人30岁以前的相貌是父母给的，30岁以后的相貌是自己给的。我觉得这个话要这么理解，就是说你所积累的你的个性、你的气质、你所受的教育背景可能会在你的青春高峰过了以后，越来越显现出来。也有一个说法，你如果要去看一个女人美不美，应该看她在50岁的时候是什么样子。那个时候，是她一辈子修行的结果。我希望我到50岁的时候是一个漂亮的老太太。

当今社会美女如云，女人不管是天生丽质还是经过"再加工"，似乎拥有一张漂亮的脸蛋已经不是什么难事，但是人们在对各种各样的美女司空见惯之后，突然之间会觉得有些缺憾，而更倾向于和那些令自己心情愉快的人在一起。

外表可以美一时，却不能美一世。美貌可以博得别人的好感，却经不住时间的考验。一个没有内涵的人最终是得不到别人的认可的，一个拥有智慧的女人才会永远美丽。

优雅展现才华，用实力说话

在生活中，有许多人才华横溢，但因为不会表现、不会推销自己，而不被众人所知，没有找到发挥才华的舞台，他们只得哀叹无人赏识，怀才不遇。事实上，我们要在社会的舞台上与众人竞技，而不是在封闭的角落里独自吟思，孤芳自赏。

这个社会，有些男人不太可靠，女人与其把希望寄托在某个男人身上，不如好好工作，赚钱爱自己。这样才能体现出个人的才华和知性的美丽。

在朱莉还没有结婚的时候，她就渴望嫁给一个喜欢的人，做一个全职太太，享受着安逸幸福的生活。

结婚后，收入颇丰的老公给了她一个安逸的家庭，同时让她过上了全职太太的生活。朱莉对这样的生活也十分满意，整日无忧无虑，不用为生活担心。她整日在家里收拾家务，照看孩子，每天做满满一桌子菜等丈夫回家，全身心为自己的小家服务。

由于婚后一直蜗居在家里，朱莉很少跟外界接触，繁忙的家务活也让她有些跟不上时代的变化。朱莉偶尔也会陪丈夫参加一些社交活动，每每这时，她都会产生一种强烈的自卑感。她既插不上丈夫与同事之间的经济话题，更不了解那些太太口中所聊到的时尚杂志、名牌包包，她整晚只能一个人在那儿傻坐着。这种尴尬经历多了，老公也开始指责她，经常说她的"精神世界一片空白"之类的话，心酸的朱莉默默流泪。

30岁那年，丈夫离开了她，只给了她三年的赡养费。当时，她哭着说："我哪知道现在外面的世界会变成这样？我一无是处，又有哪个地方会要我呢？"痛定思痛后，朱莉决定自己站起来，不再依赖任何人。

朱莉先是报名参加了一个短期培训班，学习了一些日常工作的技能。然后去做了一家公司的小职员。她明白自己要想真正独立起来，就必须通过工作体现出自己的价值。于是，她边工作边学习，拾起丢弃了多年的专业书，重新学习。

朱莉的进步很快，进入公司三个月后就得到晋升。当然她不满足于现状，反而更加努力，拼命地工作。三年之后，她成为公司的副总经理。做到这一步的朱莉，不仅生活独立，精神世界更是自由。她经过思考，放弃了高职位，而选择了自己开创事业。

如今，36岁的朱莉有了自己的事业，工作中的她是优雅的，生活中的她更是泰然自若，再也不担心某个男人抛弃她了。

经历了离婚的朱莉才意识到自己必须独立思考，必须自力更生，独立生活。好在她及时醒悟，并实现了自己的人生价值。由此可见，女人要独立，当然不仅仅是指经济上的独立，更重要的是获得精神上的满足。

丘吉尔说过："一个人最大的幸福就是在他最热爱的工作上充分施展自己的才华。"优雅的女人，总会在适当的位置上努力打理工作。她们忠实、勤奋，即使只是一份普通的工作，她们也会用对待事业的热忱去经营。

在适当的位置上勤奋工作，能使女人保持一种旺盛的精力。劳累一天能为我们带来愉快的睡眠，勤劳的生命会带来愉快的享受。勤劳的生命是长久的，像富有韧性的常青藤。我们每天都在为一项有意义的事业而思考、而行动，因而也会获得忙碌的快意和收获的喜悦。点点滴滴的付出在一天天开花、结果，这种幸福感是绵绵不绝的。

身为女人，我们要记着，工作中没有性别之分，这是一个靠实力说话的时代，而不是以性别取得优势的。有了实力，你才会被重视，在工作中，你的意见和建议才会引起上级的关注。如果你没有任何本事，即使你有好的建议，也不会引起重视。所以，只有让自己有了实力，才会被上级重视。

在职场中，老板看中的是业绩和能力，而非性别。据哈佛大学一项职场调查显示：有78%的经理人认可"职场中性"。这说明在工作中，没有人因为你是"娇娇女"，会使用"泪弹"，就降低对你的要求，给你大开方便之门。职场中是没有性别可言的，一切都靠自身的实力说话。

几年前，张灵大学毕业，找了一份业务员的工作，但是她始终没有摆脱上学期间娇气的脾气，吃不了苦头。她总认为自己刚刚步入社会，社会上的同事和客户应该体谅、宽容她，不会刁难自己。就算工作出了差错，领导也不能指责于她。

于是，她总是认为工作没什么难的，实在完不成任务对自己的主管使个小性子，哭诉一下就行了。可是，张灵错了。由于她的工作不积极主动，她负责的区域业绩直线下滑。主管找她谈话，非但没有原谅她，还让她去重新实习。后来，她才明白，工作中没有人把她当女人看。因此，她努力积累自己的工作经验，练就一身过硬的本事，靠自己的实力来说话。

在职场中，无须也不宜过多地考虑自己的性别，过分地强调自己的性别特征只会对个人发展不利。在经济上、精神上完全依附男人的做法万万不可取，女人只有好好工作，才能保障幸福。爱情需要物质基础作为支撑，用自己的薪水养活自己，一来可以减轻男人的负担，二来可以保障幸福，三来工作可以赋予女人魅力——这是一举多得的事情，女人又何乐而不为？

女人，应该虚心学习，甚至是从头学起。如果你想要在IT行业崭露头角，你就应该提高自己的编程能力和组织架构能力。如果你想在金融行业稳稳立足，你就要掌握充足的金融信息。如果你想在旅游行业成为佼佼者，你就要掌握充足的景点知识和旅游法律知识……

工作中有了实力，我们可以时常体味到工作的乐趣，以及自己创造的价值，最关键的是可以获得很大的财富。有了才华，你就有了"通行证"，走到哪你都能找到满意的工作，是你挑工作，而不再是工作挑你。

唯有高品格的女人才真正高贵

"品格"在英语中的定义是："一个人生命过程中建立的稳定和特殊的品质，使他无论在什么环境中都有同样的反应。"好品格源自一个人的内心深处，它不受地位、财富、环境等的限制。"没有关系，大家都是这样的"，这就是道德对我们的试探，而想拥有良好品格的人必须战胜这些试探。

许多年前，有一位学大提琴的年轻人去向 20 世纪最伟大的大提琴家卡萨尔斯讨教：怎样才能成为一名优秀的大提琴家？

卡萨尔斯面对雄心勃勃的年轻人，意味深长地回答：首先成为优秀的人，然后成为一名优秀的音乐人，再然后就会成为一名优秀的大提琴家。

一位大学教授在上课的时候，拿出一个玻璃瓶子，把石头装在瓶子里，当不能再装石头的时候，他就问他的学生："满了吗？"学生异口同声地说："满了。"然后，他又把沙子放在瓶子里，当不能再放沙子的时候，他又问："满了吗？"这次有的学生就说："还没有。"教授笑了笑，说："对！"接着他又把水灌进瓶子里，然后问："今天，你们从这个实验悟到了什么？"有一位学生说："我知道了，无论一个人的时间是多么紧迫，他都有空去学其他知识。"而另一位学生说："无论你的知识多么丰富，你都能容下别人的建议。"而教授笑了笑说："你们说的只是它的一部分意思而已。大家想一想，如果我刚才先放沙，再放石头，那么，石头还能全部装下去吗？先放石头，还是先放沙，其中包含了我们人生一个很重要的道理，那么，什么才是人生中的这块石头呢？"

"地位。"一位学生说。

"学历。"另一位学生说。

学生们纷纷发表自己的意见。而教授说："品格，品格就是这块石头，品格才是人生最高的学位。无论在什么时候，我们都要把别人放在第一位，先人后己，这是我们中华民族的一项美德，也是我们每个人都要继承和发扬的。"

史蒂芬·柯维博士曾被美国《时代》杂志誉为"人类潜能的导师"，并入选为全美25位最有影响力的人物之一。他在《高效能人士的七个习惯》一书开篇就写道：

"我潜心研究自1776年以来美国所有讨论成功因素的文献。我阅读或浏览过的论著不下数百，主题遍及自我完善、大众心理学以及自我帮助等。对于爱好自由民主的美国人民所公认的种种成功之论，已算得上了如指掌。

"从这200年来的作品中，我注意到一个令人诧异的趋势，那就是过去50年来讨论成功的著作都很肤浅，谈的都是如何运用社会形象的技巧与如何成功的捷径，但往往是头痛医头、脚痛医脚的特效药，治标而不治本。

"比较而言，前150年的作品则有很大不同。这些早期论著强调'品德'为成功之本，诸如正直、谦虚、诚信、勤勉、朴实、耐心、勇气、公正和一些称得上是金科玉律的品德。富兰克林的自传就是这个时期的代表作，内容主要描述一个人如何努力进行品德修养。

"品德成功论强调，圆满的生活与基本品德是不可分的。唯有让自己具备品德，才能享受真正的成功与恒久的快乐。"

品格是最高的学历，那么完善这份学历的基础在哪里呢？其基本点就是忠诚守信，而忠诚对人、恪守信义亦是赢得人心、产生吸引力的必要前提。对人忠诚一点、守信一点，就能更多地获得他人的信赖、理解，就能得到更多的支持、合作。

气质是女人美的极致

女人的美丽，已经被人们无数次地讴歌和赞美，文人骚客为此差不多穷尽了天下的华章。其实，在美丽面前，诗歌、辞章、音乐都是无力的。无论多么优秀的诗人和歌者，最后都会发出奈美若何的叹息！美丽的女人人见人爱，但真正令人心仪的永恒美丽，往往是具有磁石般魅力的女人。那么，什么样的女人才具有魅力呢？三个字：气质美。

气质是女人征服世界的利器，就如同一座山上有了水就立刻显现出灵气一样。一个女人只要拥有了气质，就会立刻神采飞扬、明眸顾盼、楚楚动人起来。

著名化妆品牌羽西的创始人靳羽西说过："气质与修养不是名人的专利，它是属于每一个人的。气质与修养也不是和金钱权势联系在一起，无论你从事何种职业、任何年龄，哪怕你是这个社会中最普通的一员，你也可以有你独特的气质与修养。"

那么，现代的女性应具备哪些气质呢？

1. 人格之美

女性气质的魅力是从人格深层散发出来的美，自尊、自爱、端庄、贤淑、善解人意、富于同情心等都是美好的人格特征。相反，轻浮、自私、叽叽喳喳和小肚鸡肠的女人，即使容貌再漂亮、惹人喜爱，也只是过眼云烟。

2. 温柔的力量

说到温柔，人们自然会想到圣母马利亚，想起在极其柔和的背景中圣母马利亚温柔而圣洁的微笑。这微笑向人们展示了她的善良、无邪、温柔和博爱，她巨大的艺术魅力亘古不衰。男人们最喜欢的不是女人的外貌，而是女人的阴柔之美。

3. 腹有诗书气自华

读书和思考可以增加一个人的魅力。知识和修养可以令人耳聪目明，也会给一个女人增添不凡的气质。学识和智慧是气质美的一根支柱，有了这根支柱，完全可以弥补容貌上的欠缺。

4.可贵的坚韧

温柔并不是主张女孩子一味地顺从、依赖、撒娇，女性也要有个性、有主见、有行为的自由。这种独立性是一种情感中的柔韧和追求中的坚定，是一种意志上的自持和克制力，是一种既不流于世俗又深深地蕴含着理性的行为。那些见异思迁、毫无主张，遇到挫折便哭哭啼啼的女孩，即使长得再漂亮也不会有人喜欢的。相反，拥有对美的事物毫不动摇，坚持不懈追求的精神，完全可以使丑姑娘变得美丽。

在现实生活当中，几乎所有的男人和女人都喜欢与这样的女人相处，因为这种女人使你既有眼球上的好感，还有一种吸引人的特别力量，能不断地感染你，使你羡慕，让你追随。

气质是一种灵性，一个女性如果只靠化妆品来维持美貌，生命必定是苍白的。

气质是一种智慧，一点点地雕琢着一个人，塑造着一个人，一个不经意的动作，就能吸引所有人的目光。

气质是一种个性，蕴藏在差异之中，只有不断创新，才能拥有与众不同的韵味，成为一个让人一见难忘的人。

气质是一种修养，在城市的喧嚣中，洗练一种超凡脱俗的"宁"与"静"，面对人间沧桑，才会嫣然一笑。

对女人而言，气质是一种永恒的诱惑，因为气质不仅仅靠外貌就能获得，还要拥有丰富的智慧与知识，拥有傲人的气度与素质。

在生活水平日益提高的今天，用来美化包装女人的手段可谓层出不穷。皮肤不白可以增白，五官不正可以再造，脂肪过剩可以吸除，形体不美可以训练，但至今还没听到有"女人气质速成"之类的技术面世。

事实上，女人的气质首先是先天的或者说是与生俱来的，其次，后天长期的潜心修养也很重要。而刻意模仿、临时突击则是难以从根本上改变气质的，弄不好"画虎不成反类犬"，成为效颦的东施，反为不美。

真正高贵脱俗、优雅绝伦的气质，需要的是全方位的修养和岁月的沉淀。像一抹梦中的花影，像一缕生命的暗香，渗透进女人的骨髓与生命之中，让她们能够在面对岁月的无情流逝时，仍然能够拥有一份灵秀和聪慧，一份从容和淡泊……

做一个有格调的女人

对于每一个女人来说，美这个东西永远是最令人向往的。的确，对于所有人来说，美都会使他们心旷神怡，而女人会让所有人都心旷神怡。想一想，那些艺术家无一不津津乐道于用女性的身体和各种形式来表现美。对于一个女人来说，拥有美丽的外表、迷人的姿态固然重要，但是只有拥有了高雅的风姿才会给人留下真正的视觉美感，才会让别人觉得你是最有品位的。

对于女人来说，没有一个人会不渴望自己能够成为众人眼中的"佼佼者"，这是女人的天性。女人们都希望能够得到异性的称赞和同性的羡慕。可是，很多女人却始终认为自己没有这个能力，因为她们的外表很平凡。女人们虽然无法选择自己的外表，因为那是父母留给我们的，但可以通过训练让自己魅力四射。事实上，一个真正迷人的女人并不一定拥有漂亮的脸蛋，但一定要拥有最迷人的风姿和最高雅的格调。首先要告诉你们的就是，不要太在乎自己的外表。只要你们让自己拥有了迷人的气质、高雅的格调，那么你们就一定会成为最有魅力的女人。

可能有些女人会说，自己不过是一名最底层的小职员或是家庭主妇，因此她们不需要培养什么魅力，也没有必要搞什么格调。对于她们来说，每天的生活都十分枯燥乏味，根本没有用到所谓格调的时候。如果你们有这种想法那就犯了一个严重的错误。事实上，只有那些有气质、有魅力、有格调的女人才会受到人们的欢迎，才能取得事业上的成功。

戴维斯先生是美国一家大公司的公关礼仪顾问，他曾经说："我给很多公司培训过公关人员。最初的时候，我发现差不多所有的人都认为拥有漂亮的脸蛋、迷人的身段对于一位公关人员来说是最重要的事，因为所有人都喜欢和一个容貌姣好的人打交道。我不完全否认这种说法，但是我认为，一个公关人员最重要的素质并不是外在的美貌，而是她们内在的气质。如果你遇到一个漂亮但却不懂礼术、说话粗俗、举止轻浮的公关员，那么相信你绝对不会对她产生好感。相反，如果对方虽然相貌平平，但却有着非凡的魅力、不俗的谈吐，那么我相信你绝对乐意与她打交道。"

第二章

好学不倦，
把时光用在美好的事物上

内外兼修，未来的你一定喜欢现在读书的自己

　　不用教，女人天生懂得爱美，热衷打扮，尤其是现在，铺天盖地的女性用品，各种各样的美容整形手术，令女人可以从头到脚对自己逐一武装。

　　其实女人不知道，有一秘方可使女人获得永远的美丽，这味药不是水剂不是糖丸，而是我们随处可见的书籍。

　　没错，书籍是人类的精神财富，书籍更是女人的最佳美容品。读书带给女人思考；读书带给女人智慧；读书教会女人在笑的时候笑，在忧伤的时候忧伤；读书还使女人明白自身的价值、家庭的含义，明白女人真正的魅力在哪里。

　　"读史使人明智，读诗使人灵秀，数学使人周密，自然哲学使人精邃，伦理学使人庄重，逻辑修辞学使人善辩。"培根在《随笔录·论读书》中写出了读书的益处。著名学者王国维曾借用三句宋词概括了治学的三种境界：第一境界，"昨夜西风凋碧树，独上高楼，望尽天涯路"；第二境界，"衣带渐宽终不悔，为伊消得人憔悴"；第三境界，"众里寻他千百度，蓦然回首，那人却在灯火阑珊处"。由此可见，读书学习只有甘于寂寞、不怕孤

独、日积月累、持之以恒，才能到达"灯火阑珊"的境界。

喜欢读书的女人内心是一幅内涵丰富的画，文字可以书写性情、陶冶情操。喜欢读书的女人常常是有修养、有素质的女人。一个女人最吸引人的地方就在于因她丰富的内心世界从而表露出来的优雅气质。"书中自有黄金屋，书中自有颜如玉。"岁月的流逝可以带走姣好的容颜，却无法带走女人越来越美丽和优雅的心灵。书籍，是女人永不过时的生命保鲜剂。

世界有十分美丽，但如果没有女人，将失掉七分色彩；女人有十分美丽，但如果远离书籍，将失掉七分内蕴。读书的女人是美丽的，"腹有诗书气自华"。书一本一本被女人读下肚的时候，书中的内容便化成了营养从身体里面滋润着女人，由此女人的面貌开始焕发出迷人的光彩，那光彩优雅而绝不显山露水，那光彩经得起时间的冲刷，经得起岁月的腐蚀，更加经得起人们一次次地细读。正因为如此，你将不再畏惧年龄，不会因为几丝小小的皱纹而苦恼。因为你已经拥有了一颗属于自己的智慧心灵，拥有自己丰富的情感体验，你生活中的点点滴滴将会书香四溢。

在社会生活中，女性的生存空间比男性的狭小，所以女性更需要博览群书，以放眼世界。而且在广泛阅读的同时，还要善于思考，不盲从也不偏执，这样才能培养一颗丰富和广博的心灵。

另外，读书时不要把范围局限在某一类。男人能看的书，女人都应该看，文学、军事、政治、传记、历史，等等。

因为，书是改变一个人最有效的力量之一。书是使人类从蛮荒到启蒙的捷径，书还是女人修炼魅力之路上最值得信赖的伙伴。

做一个爱读书的女人吧，读书的女人才能永远美丽。

美人都败给了岁月，智慧却留了下来

在《做个智慧女人》一书中，旅美作家曹又方写道："女人可以不美丽，但不能不智慧。""唯有智慧能重赋美丽，唯有智慧能使美丽长驻，唯有智慧能使美丽有质的内涵。"美貌虽能吸引优质男的目光，但只有智慧才能让优质男的目光长久追随于你，看你千遍也不厌倦。

智慧又不等同于聪明，正如毕淑敏曾说过的："女人难得的是智慧，她们多的是小聪明，缺乏的是大清醒。"古人云"秀外慧中"，正是说明一个女人最吸引人的地方就在于她丰富的内心世界，从而表露出来的深厚温婉的气质。美貌是会随岁月的流逝而消逝的，而智慧则是永存的。聪明机智的头脑和学而不倦的热情，才能赋予美丽以深刻的气质内涵，才能使美丽常驻——这才是真正的无价之宝。只有美丽，女人才能激发优质男的狩猎欲望。

世人对女人之美的领悟，无非两种，一种是外在的形貌美，一种是内在的心灵美。

外在美是女人自身美的凝聚和显现，它既能给女人自身以极大的心理满足和心理享受，又能给他人以视觉上的美感，使人赏心悦目。追求外在的形貌美，是女人的本能，不应加以禁锢和压抑，而应该从美学上加以积极引导。

内在的心灵美可以给人留下难以磨灭的印象，能引起人内心深处的激动，打下深刻的烙印。内在美操纵、驾驭着外在美，是女人美丽的源泉。正因为有了内在美的存在，女人才能真正成为完美的女人，才能让人产生由衷的赞美。所以说，内在美比外在美更具有无可比拟的深度与广度。

寂寞精灵张爱玲尽管貌不惊人，但她那弥漫着旧上海阴郁风情的文章以及她深邃的内心世界，使当代人对她的回忆像一坛搁了多年的老酒，越品越香醇。李碧华曾评价她说："文坛寂寞得恐怖，只出一位这样的女子。"

而现在，由于媒体和广告铺天盖地的宣传，很多年轻的女孩子远离了书房，过分注重外表的修饰和打扮，浮躁肤浅的心态扭曲了她们对美的诠释。即便是一夜成名，也会像昙花一现，留给人们的只是一个模糊的影子，用不了多久就彻底消逝在别人的记忆里。

光鲜的外表无法掩饰空虚的内在

多数女性朋友都有这样的体会：当我们看到一个女人穿着最新潮的裙子在自己面前走过时，也会想去买；看到限量版的名牌包包，也会想拥有；某天发现同事新换的发型很有个性、新潮，也会想要尝试一下；朋友穿了一双漂亮的鞋子，就会去打听她在哪个店买的，自己也赶紧去看看有没有更好看的……

多数女人都向往富足的生活，以满足自己的虚荣心。其实，如果我们太过于追求光鲜的外表、感官的刺激，结果反而内心越来越空虚。

要知道，现实生活中充满了太多的诱惑，汽车、洋房、时尚衣饰、可口美食……数不胜数，永远有比你家境好、相貌比你漂亮的女人。有的人看到心仪的人或物而不能占为己有，再好的心情也会变得无比沮丧，忌妒与渴望周而复始折磨着自己的身心，整天郁郁寡欢，愁眉不展。

有一位大企业的女总裁，年薪几百万，开着豪车，住着别墅，出入高档娱乐场合，穿着名牌服装，生活可谓光鲜、滋润。可她却整日愁眉深锁。因为她给自己定的目标是年薪超过千万，但是她已经拼尽全力了，只能挣到几百万元。

为了实现自己的目标，她整天守在公司里，顾不上家庭和孩子，老公一气之下和她离婚了，并带走了孩子。心情郁闷的她不停督促下属工作，有时火气上来，甚至严厉呵斥。下属对她也是敬而远之。工作的不如意和婚姻的失败同时压抑着这位外表光鲜的女总裁，她找不到一个知心的人诉说心中的苦闷，每天除了工作，她的生活没有任何乐趣可言，心中感觉不到丝毫的充实，只得整日在公司板着脸，根本没有快乐。

只有一颗知足的心才能拥有快乐，而贪婪的心永远不知道快乐是何种滋味。内心的幸福和快乐并不是取决于钱财多少，也不是只看穿着是否光鲜，关键的是一个人的内心感受是否充实。穷困潦倒也好，财源丰厚也罢，没有内涵和修养，空有一副光鲜的皮囊，不过徒有虚表。

美丽的女人是一种风景，令人赏心悦目，流连忘返。但美貌毕竟是外在的东西，花容月貌的女子倘若举止粗俗，尖酸刻薄，狭隘无知，便只会令其光鲜的外表黯然失色，再美的外表没有深厚的内涵做依托，也只会是"金玉其外，败絮其中"，令人遗憾。

有的女人总是浅显地认为，财富、权势是幸福的决定性因素，其实当你得到这些后，依然无法满足。而你得到的越多，快乐反而会离你越远。当你最终想要得到快乐时，你便又要为了寻找快乐的欲望而深陷苦恼。

艾琳仗着自己天生一副漂亮的脸蛋和完美的身材，高中没有毕业就去做了一名模特。由于职业的原因，加上艾琳本身就是一个物质的女孩，做模特赚来的钱全部用来装饰自己的外表，却不去充电学习，提高自己的内在。

几年过去了，艾琳由于年龄的原因不能再从事模特这个职业了，而她手中却没有多少积蓄。这时，她又想靠自己的姿色嫁给一个富足的男人，来满足自己下半生对虚荣的追求。

幸运的是，艾琳确实遇到了一个事业有成的男人，并很快结婚了。婚后的生活，艾琳还像以前那样毫无顾忌地花钱。这个男人倒是给了她足够的生活费，唯一的要求就是她要像个妻子那样在家相夫教子，洗衣做饭。

艾琳开始也试图照男人的要求去做，可是她发现自己根本无法安静地在家待着，不去逛街，不买时装，她都不知道自己要做什么，内心充满了空虚和无助。因为她不喜欢看书，没有任何爱好和兴趣，老公又经常不在家，时间一长，艾琳发现，自己就算是外出购物获得的兴奋也只是暂时的，之后是无尽的空虚。

光鲜的外表无法掩饰空虚的内在，外表再漂亮的女人，言行举止却会出卖她刻意的掩饰。来自情感的需求是外在的物质无法替代的。豪宅、首饰、跑车再华丽也会变得陈旧，再耀眼也无法给你温暖。那一切都是浮云，生不带来，死不带去。

现实中，当我们看到一个女人戴着华丽的首饰走过面前的时候，不妨看一看她的眼睛，她的眼睛里有多少谦逊与温柔？当我们看到一个女人开着百万的跑车从身旁呼啸而过时，不妨看一看她是不是会因珍惜别人的生命而放慢自己的速度？

金钱、名利这些外在的东西随时都会化为灰烬，外在的美纵使再缤纷绚烂，总有枯黄掉落的一日。金钱的确能够让你衣食无忧但没有幸福可言，即便再华丽的外表也无法掩饰内心的空虚，即使富有到可以把钱当纸烧，你烧的也只能是你的孤独和寂寞。

聪明的女人不会计较外表是否光鲜，她们会努力提升自身的内在，方为填充无尽空虚的良策。就算她目前会为了生计而发愁，但是她始终相信，通过自己不懈的努力，生活总会越来越好。但光鲜的外表注定无法提升内在修养，永远也不能成为获取幸福生活的手段。

只有 reader 才能成为 leader

可是，在经济时代里，越来越多的女性对知识的作用产生了质疑。生活中，我们经常看到学历高的人或者是书念得不差的人，一旦在生活或工作上出了差错，就会被骂"书念得那么多有什么用"。

惠惠自认是生活白痴，念那么多年的书对她做家事、煮饭、洗衣服，和社会上的人交往、交男朋友、写求职信、面试、玩股票、看外汇等，真的是一点用也没有。尤其是念了一个不用看外文书的科系，对她增进英文能力更是一点用也没有。甚至有一位长辈还当面告诉她："从现在开始，你两个月都不要看任何书，连报纸都不要去看，越看越笨！"惠惠那时也觉得很有道理，因为想那些抽象的事情只会让自己的思考打结。

生活中，这样的大有人在，甚至有人认为学那么难的数学做什么？做生意的时候会加减乘除就够了。大学毕业生的薪水有时却比不上一个高职生或初中生，摆路边摊都比在银行上班收入不知道要多多少，听来真令人沮丧。

不过，如果你还有这种想法，我们会替你感到害怕。千万不要忽视知识的力量。你知道近代各国开始解放女性、提倡女权的第一步行动是什么吗？就是让妇女接受教育。因为只有接受教育才能使妇女们眼界大开、有更明朗的思辨能力，才会自动自发地为自己争取应有的地位和权利，而不是"只要听男人的就对了"。否则光是靠一两个女性从早到晚叫着女权，根本起不了作用。

严格说起来，把一些知识从书本上塞进脑子里，其实也没什么用，因为你可能一辈子都不会玩政治，也遇不上革命，所以政治学对你只是一堆斗争符号；你打定主意不从商，学会计做什么；你又不写作，看文学的东西浪费时间；过去的都过去了，读历史又有什么用？但是，这个世界到底是怎么一回事，未来又将如何，也只有知识和你自己的思考可以让你知道。

有一家公司专门教导企业如何赚钱，它集合了各个领域的精英，为客户分析市场、方向、行销手法、做出全盘计划，足以让一个濒临破产的企业或公司复活，它的名字叫作"麦肯锡"，它卖的是知识。近年来产生了不少所谓的"科技新贵"，他们每个人几乎都可以坐拥数千万而退休，他们卖的也是知识。

你一定有这样的经历，被电脑欺负，呼天天不应，最后只能乖乖送去修理。到了专修店，"专业人员"建议换掉这个、换掉那个，买了一堆东西，你不知道那些东西的功能和合理价位，最后付了一大笔修理费用。

当你的知识越少，遇到类似的"冤大头"事件就会越多。尤其在这个专业时代，每个人都在一个专业内竞争，除此之外，也不放弃追求新知和其他领域的东西。虽然人的能力有限，不可能做到面面俱到，但是，一定比你一无所知的情况要好，起码在你懂的范围内，别人动摇不了你。

女人不要老是说，嫁个好老公就好了，让他去烦生计、交通、房子、经济的事情，你当个少奶奶就对了。我们倒要建议你，结婚之前，起码去请教律师或看一下《婚姻法》中有关财产的条文，因为结了婚并不代表不会离婚。当然，就像其他知识一样，你可能不会离婚也用不到，那真的万分恭喜。但是，如果这件事不是上天亲自保证的话，你还是得未雨绸缪，免得最后心痛之外，生活得"无依无靠"。

有一位吸引过很多优秀男人的女性朋友，有人好奇地问她，是如何吸引住这些男人的？她说"要多看书"，人们当场傻眼。"不要让他们觉得你只是一个花瓶，这样他们带你出去才会觉得有面子。"以美貌就能俘虏男人的时代已经过去了，现在的男人品位更高了。

我们还常说，要找个可以依靠的男人。但是，这只是说我们找的对象要有责任感，但并不表示找到了，我们马上就要退化成无能的小孩子，再也不求上进，也不管生活所需的基本知识。毕竟，靠山山倒，靠人人倒。对于那些汽车修理，电脑，水电等东西，你当然可以堂而皇之地丢给男人去处理，你可以不用活得非常辛苦，但是不能一无所知。

哈佛大学的女性气质培训课程总是提醒女人一定要记住，知识就是力量，而最能获取知识的媒介，就是书籍。从现在开始，多看书，多吸纳新知识，只要持之以恒，你就会看到自己的提高。

女人，靠知识立足

女人拿什么来立足于这个日新月异的时代？是美貌，是家世，还是交际手腕？这些都是女人实力的一种表现，但可惜的是，它们的保鲜期太短。女人的幸福资本是"知本"。所谓知本，简单来说就是知识资本。

随着社会的发展，知识的作用愈加重要，特别是在知识经济时代，知识不仅是力量，而且是最核心的力量，是终极力量。可以说，知识不仅创造财富，知识本身就是财富。

当今社会，竞争日益激烈，就业竞争越来越大，没有知识就会落伍已成了不争的事实，女人要想改变自己的命运，也只有靠知识。

人与人之间最根本的差别不在外表上，而是大脑以及里面存储的知识、性格和思想。性格和思想的成因比较复杂，但是，知识却可以通过学习得到，可以不断充实我们的大脑。

知识的作用不仅仅是充实人生，知识还是实用的，可以提高自身的竞争力和价值。

在职场，创造骄人的成绩需要知识；在家庭中，拥有幸福的生活需要知识。知识是女人永远都探索不完的财富，它包含的养分是我们每个人用一生的时间都无法完全汲取的；知识是引导人生到光明与真实境界的灯烛，女人只有勤奋学习知识，再去实践，才能改变一生的命运。

作为女性，我们应该最大限度地发挥自己所掌握的知识，用知识改变我们的生活境况，用知识给社会创造财富，用知识改变自己的命运。

在现实生活中，许多女人都在追求一种"永恒"的东西，世上有没有"永恒"？有，变化就是永恒。女人们，为了让自己不至于被时代的车轮碾碎，必须把自己当作"蓄电池"，要不断给自己充电。要知道，现在的社会瞬息万变，尤其是科学技术日新月异，不断给社会生活注入新的内容和活动，要求女性必须不断学习和更新知识体系。逆水行舟不进则退，如果吃老本的话，我们就有可能会渐渐落伍，赶不上时代的潮流。

不让时间溜走，高效能充电

现代社会竞争异常激烈，女人要找一份称心如意的工作不是那么简单。如何才能找到一份自己喜欢而又报酬丰厚的工作呢？那就需要女人把自己当作"蓄电池"，要不断给自己充电，边工作、边学习，掌握新技能，了解新信息。只有具备真才实学和专长，才能增强自己在职业选择中的竞争力。

美籍华人李玲瑶在学生时代就好学上进、勇敢干练、聪慧过人，加上其开朗的性格，所以常受到师长的欣赏和同学的拥戴，并常被邀请去电台、电视台主持节目。台湾一家著名杂志称她为"美得耀眼的女生"。中美尚未建交期间，她在华盛顿担任全美华人协会华盛顿分会负责人。1979 年，邓小平访美时，她和杨振宁一样，是接待小组成员；中美建交仪式上，她是少数被邀请到白宫观礼的华人代表之一；在中美建交华人庆祝大会上，李玲瑶担任大会司仪。在美国读完计算机学位后，她在硅谷做了 8 年的资深电脑分析员。同时，她的丈夫胡公明完成了核物理方面的深造，成为一个颇有造诣的核子工程博士，就职于著名的通用电气公司。

1980 年，他们决定开创自己的事业，在硅谷创办公司。不到两年，他们实现了自己的第一步目标，成为百万富翁。同时，公司也从高科技领域扩展到房地产和进出口贸易领域，并在北京、香港等地建立了办事处。此时的李玲瑶已从一个纯粹的文化人转变成为一个干练的企业家。1984年，李玲瑶被邀请回国参加国庆35周年庆典，她决定在内地投资，并说服不少在美华人来祖国投资或为祖国引进新技术。

与此同时，她感觉到自己在经济理论方面的不足。于是，在她48岁的时候，她重新进入学校学习，每次上课都坐在第一排的正中间，从不落一次课，认认真真做每一份习题论文。

同时，李玲瑶还自学了经济学本科方面的所有课程，硕士加博士的5年，她读完了经济学9年的课程之后，又上北大学习，并戴上了北大博士帽，她的事业也越来越成功。

在现实生活中，许多女人都在追求一种"永恒"的东西，世上有没有"永恒"？有，变化就是永恒。要想保住饭碗，人就不能吃老本，人就必须不断"充电"，光靠原有的知识坐吃山空是不行的。所以女人要为自己充电，学习更多的东西，接受更多的思想显得尤为重要。所以，在人生的起点上多学东西，多为自己充电，你的选择机会就会增多，你离你想过的生活也会越来越近。

在职场上奋斗的女人学习有别于学校学生的学习，主要在于她们缺少充裕的时间和心无杂念的专注以及专职的传授人员。要想在当今竞争激烈的商业环境中胜出，就必须学习从工作中吸取经验，探寻智慧的启发以及最大限度地掌握有助于提升效率的资讯。

1. 在工作中学习

通过在工作中不断学习，你可以避免因无知而滋生出自满，影响你的职业生涯。专业能力需要不断提升技能组合以及与学习的能力相配合。所以，不论是在职业生涯的哪个阶段，学习的脚步都不能停歇，要把工作视为学习的殿堂。知识对于你所就职的公司而言可能是很有价值的宝库，所以要好好自我监督，别让自己的技能落在别人的后面。

2. 努力争取培训的机会

走进企业，要知道多数企业都有自己的员工培训计划，培训的投资一般由企业作为人力资源开发的成本开支。而且企业培训的内容与工作紧密相关，所以争取成为企业的培训对象是十分必要的，为此你要了解企业的培训计划，如周期、人员数量、时间的长短，还要了解企业的培训对象有什么要求，是注重资历还是潜力，是关注现在还是将来。如果你觉得自己完全符合条件，就应该主动向老板提出申请，表达渴望学习、积极进取的愿望。老板对于这样的员工是非常欢迎的，同时技能的增长也是你升迁的能力保障。

3. 自己进补抢先机

如果有很多空余的时间，请不要闲下来，可以自掏腰包接受"再教育"。当然首选应是与工作密切相关的科目，还可以考虑一些热门的项目或自己感兴趣的科目，这类培训更多意义上被当作一种"补品"，在以后的生活中会增加你的"分量"。

看一些能指导身心的书籍

有学识的女人，如同一本书，一本写着女人味的书，是男人一生的宝藏。

古人道：腹有诗书气自华。女人想要美丽高雅，要追求与众不同，那就更要多读书，陶冶性情，让书的精华提升你的性格、思想、内涵、素质、修养，在潜移默化中升华，过滤掉世事的尘埃，还心灵以纯净。

也许为工作事业奔波的我们早已忘了年少时课堂里传出的那琅琅的读书声，被生活琐事困扰的我们连静下心来喝一杯咖啡读一本有益的书都成了奢望。但是，不要被现实的种种羁绊住我们追求高雅与内涵的步伐，因为读书能够使女人修身养性，陶冶情操，提高个人品位，扩展学识视野，焕发娴静淑的气质和拥有雍容文雅的神态。一个没有知识的女人，即使是华装艳服、浓妆艳抹也无法遮掩内心世界的苍白，只会用外表的美丽吸引人的眼球，而无法达到用内心的美丽来吸引人永恒的注意力。久而久之，会发现不读书的女人只是空有一副美丽的外表，只能做一个花瓶而已。

读书会让女人的魅力与日俱增，读书让女人不再畏惧年龄，读书让女人具有征服一切的勇气和力量。当我们因为生活的挫折感到沉沦悲苦的时候，读一本能指导身心的书能使我们知道天外有天，这个世界还是很美好；当我们因为没有朋友倾诉苦恼而无望地孤独惆怅的时候，书是我们招之即来永远不倦陪伴我们的朋友；当我们因为残酷的现实而变得世故，刻毒与卑劣地去看待一件事或评价一个人的时候，书中的光明会照亮我们的内心，并日积月累地浸染着我们的情操。书香四溢，读书的女人拥有独立的气质和魅力。"读一本好书，就像和一个高尚的人谈话。"正是如此，和一个读书的女人谈话、生活，也等同于和一个高尚的人生活在一起，读书的女人思绪宁静、不浮躁，清丽的韵味之美更是滋润着男人。

读书是女人的立身之本。喜欢读书的女人，学历可能不高，但一定有文化修养。有文化修养的女人大都知书达理、处事冷静、善解人意，遇到问题会淡然处之。经常读书的人，特别是在为人处世上也会显得从容、得体。有人描述，经常读书的人不会乱说话，言必有据，每一个结论会通过合理的推导得出，而不是人云亦云，信口雌黄，与人交谈时从容自如，让人如沐春风。

经常读书的女人，她们做事会更多地经过思考，知道用更智慧的方式解决问题。她们的智商和情商会随着读书的积累而提高，她们能把无序而纷乱的世界用自己的思维理出头绪，抓住世界的本质，针对不同的情况提出解决方法。科学拒绝盲目，她们做的每一步都是经过深思熟虑的。平时不读书的人在面对让自己感到困惑的事情时，往往手足无措，或者钻牛角尖。

那些爱读书的女人，她们不管走到哪里都是一道美丽的风景。她可能貌不惊人，但是气质却不由自主地由内而生，众人因她的优雅而倾倒。优雅的谈吐超凡脱俗，清丽的仪态无须修饰，那是静的凝重，动的优雅；那是坐的端庄，行的洒脱；那是天然的质朴与含蓄混合，像水一样的柔软，像风一样的迷人，像花一样的绚丽……

不管你是否是白领，只要一卷在手，时时阅读，那便不俗了。读书的女人崇尚浪漫，也最富于生活情趣，于爱情也更懂得奉献与包容。读书的女人都有一颗敏感细腻的心，使她能时刻发现生活之美。读书的女人是一杯红酒，只有细细品味，才能感受她内在的韵味。

读万卷书，行万里路——丰富才情，修炼性情

严文井说："读书，人才更加像人。"是的，在更多的时候，读书不只是与官财光荣相连，而是人风骨的基石。书是文明的卫士，守卫在没有痰迹的风景线上；它是我们行为风范的精灵，不会使我们把商品和零钱扔给柜台外边的顾客，惹恼了他们后还不知道为什么；它是青春智力的储存器，使我们未来不至于像自己的父母那样，送给孩子一本书，上面画满强调线的却全是人们认

为最不深刻的地方；它是人类经验的车船，就像培根描述的那样："如果船的发明被认为十分了不起，因为它把财富、货物运到各处，那么我们该如何夸奖书籍的发明呢？书像船一样，在时间的大海里航行，使相距遥远时代的人们能获得前人的智慧、启示和发明。"

但是在这个快节奏的时代里，很多人抱怨没有时间来阅读或者抱怨学习的环境太差，其实这都是非常拙劣的借口。只要你能养成阅读的习惯，读书跟环境和时间没有关系。

对于女人来说，不该停止读与自己专业相关的书，为了使自己把手头上的活儿做得出类拔萃；也不该连一本有关生命意义的书也不看，那样我们会渐渐失去做人的深度。

读书可以使人明心、清脑、益智、养气。明心指读书可以开阔人的心胸，涤荡人的灵魂；清脑指读书可以拓宽人的思路，开阔人的视野；益智指读书可以增长人的智慧和才干；养气则指读书能陶冶人的情操，提高人的修养和气质。

女人必须要求自己每天阅读半小时。滋润心灵的精神食粮，永远不会嫌多。而读书，是滋润心灵、完善自我的最佳途径。读书也是讲究方法的，在阅读的时候要注意以下几点：

1. 博采众长

读书需要广涉群科、博采众长。女人欲在某一个领域中有所建树，博通是必行之路。科学和艺术看来是相距甚远的领域，可也有许多相通之处。诺贝尔奖获得者格拉索在回答"如何才能造就好的科学家"的提问时，他答道："往往许多物理问题的解答并不在物理范围之内。涉猎多方面的学问可以提供广阔的思路，如多看看小说，有空去逛逛动物园也会有好处，可以帮助提高想象力，这和理解力、记忆力同样重要。假如你未看过大象，你能凭空想象得出这种奇形怪状的东西吗？对世界或人类活动中的事物形象掌握得越多，越有助于抽象思维。"

2. 莫做书奴

书，本应是人的奴仆，为人所用。可有时却相反，有的人却成了书的奴隶，这不能不令人痛惜。不顾实际、死啃书本的人，甘做书奴，他读书越多，就越会变得痴呆，使他深受书之害。因此，要善于驾驭书本，居高临下地读，而不要将自己埋进书本之中，被书淹没。读书是要让书本中的知识为自己所用，因此，在读书时不能脱离现实，成为读死书的人。

3. 择优而读

读书，要有选择。试想：一个经常在阅读沉思中与哲人、文豪倾心对语的人，与一个只喜爱读言情故事和明星花边逸闻的人，他们的精神世界是多么不同，他们显然是生活在两个不同的世界中。

在茫茫书海中，我们要力求寻觅上乘之作、经典之作，要多读名著，多读"大书"。所谓经典名著、"大书"，需要经过时间的沉淀和筛选。一些社会学家曾做过统计，其结论是：至少要经历 20 年的阅读检验而未曾沉没的书，这样的著作方有资格称为经典、名著。择优读书，需要一种选择、琢磨功夫。在汲取前人经验的基础上，将读书效率提高一个层次。

女人要读书，更要读好书，这样才能真正做到开卷有益，丰富才情，修炼自己的性情。

第三章

从容不迫，
有智慧的女人不慌张

zuoyige
youcaiqing
denüzi

用你的智慧策划你的幸福

都说女人的一生就是为自己的幸福而不断地追求、奋斗，也因渴求幸福而更加亮丽动人。是的，女人渴求的是幸福，简单而又实在。但是不同的女人对幸福的理解和追求手段不尽相同，而且，随着年龄和环境的变化，女人对幸福的渴求也会跟着变化。那么，女人怎样才能获得自己渴求的，并准备用一生去追求、奋斗的幸福呢？哲人常说："命运由自己掌握，幸福由自己策划。"也就是说，女人所渴求的幸福，需要女人用自己的智慧来精心策划。

女人的价值体现在工作上，幸福则体现在爱情上。

女人一定要聪明一点、从容一点、智慧一点，主动出击，找到爱你、你也爱的男人。

策划中，你要注意在 6 个方面下功夫：

（1）人海茫茫，我是谁的，谁是我的？

（2）漂亮、聪明、温柔、冷艳，什么才是他心中所喜好的？

（3）如何让那个男人牵住我的手？

（4）男女都想在爱情中追求理想的投入产出比，我该付出多少？我又该得到多少？

（5）爱情的品牌忠诚度在降低，我怎么保证自己这个品牌地位？

（6）极少数人在低价倾销爱情，扰乱了爱情市场的秩序，我怎么让自己的"爱情之舟"不翻船？

策划如果还顺利的话，你还要把握好以下3方面：

（1）给自己定位准备——我就这么"高"，要找的人只能适合我。

（2）对爱情目标心理分析准确——知道你需要什么，他爱你什么。

（3）策略得力，实施得体——从相识到相知，看似自然，其实却是周密的计划，一步步扎实的实施。

当你按照自己策划的步骤，一步步地寻找到自己的爱情后，接下来还要继续运用你的智慧，让你的丈夫围着你转，让你们的婚姻生活幸福永久。哈佛大学的一位婚姻专家对此曾做了如下总结：

1.创造一个他向往的家

作为男人，不管他的工作性质如何，也不管这项工作对他来讲有多大的诱惑力，或者使他多么着迷，总会给他带来某种程度上的紧张感。在他回家以后，如果有个轻松、舒适、整洁、有序的环境和愉快、安详的家庭气氛，使这些紧张与疲惫得以消除，那么他的心理、身体和情感就能得到平衡，他就有更加充沛的精力去迎接更加繁忙的第二天。

要使家庭幽雅、舒适，主要责任在于妻子，作为妻子必须清楚的是，你对家庭的装饰与布置，不要完全从个人的嗜好出发，否则你的一番辛苦会白费。

为男人创造一个他向往的家，让他在家里感到放松、舒适，才是留住男人的心的最好方法。

2. 努力增加生活色彩

久居在家，生活难免单调，如果想方设法搞一些户外活动，可以增加不少生活情趣。比如打打网球，去游泳，去郊外踏青、野炊等。在从事这些活动中，夫妻双方都会有新的表现，比如体力上和生活经验上的表现，新的情感流露等，都可以给对方心理上造成新鲜感。另外，夫妻一起参加某些社会活动，在为人处世、待人接物方面，各自也有不同的经验，双方良好的表现和配合，都可以加强夫妻感情的联系。

3. "妻管严"要松紧适度

奉行"妻管严"，认为对丈夫应严加监管、以防发生变故。无疑，很多家庭破裂、爱情变化是源于女性的疏忽，高估了男人的责任心和节制能力，在毫无约束之下，男人一遇到诱惑，便跌进婚外情中，所以不少妻子觉得应对丈夫严加监管，让丈夫没有起码的自由度及搭的士的余钱。但监管过分，会使男人喘不过气来，觉得家庭如同公司般充满压力。情绪好时或许觉得严妻关怀无微不至，情绪坏时就会觉得受束缚无处发泄，顿生反感，甚至向外以求慰藉。故妻子做"妻管严"，应适可而止，看风使舵，必要时放他一马，让他自由自在一番，之后再采取紧缩政策，如此一张一弛，刚柔相济，他就会永远在你的掌握之中。

4. 培养丈夫的嗜好

在婚姻关系中，让丈夫有一些完全属于自己的特殊嗜好和兴趣，也是很重要的，如集邮，或是其他任何喜爱的事情，养成一些工作以外的嗜好，不仅能使男人得到好处，通常妻子也可以因此获益。如果作为妻子的你能够帮助、鼓励丈夫培养一种有趣的嗜好，就不必担心他对生活感到厌倦了。

5. 分享丈夫的嗜好

适应与分享自己所爱的人的特别嗜好和偏爱，这是夫妻获得美满幸福婚姻的重要因素。

如果因整天工作缠身而没娱乐，会使婚姻变得索然无味。如果妻子不顾丈夫的嗜好，或者在家里欣赏言情小说，或者在女人堆里消磨时光，时间一久，你肯定会感到寂寞与孤独，丈夫也因此对你感情淡化，甚至发生感情转移。因此，妻子应当学会分享一些丈夫喜爱的消遣，以增加夫唱妇随的家庭意识。

一些妻子时常抱怨自己的丈夫将大部分周末的时光花在球场及其他娱乐项目上，而没有在家陪着妻子。其实，你与其抱怨，使自己心情不畅，不如与他一道享受共同的嗜好。妻子一旦学会了在丈夫的休闲娱乐中得到乐趣，就不会被丈夫撇下不管了。

6. 拥有自己个别的兴趣

男女之间拥有共同的兴趣，固然有它的好处，但是过多的共同点会使家庭生活显得呆板。个别的兴趣能够带来不同的经验，这种经验正是产生新鲜与刺激的源头。谁都希望对方能欣赏、喜欢自己的特点，如果能有些新的体验，那将是极其令人兴奋的。培养自己的嗜好，拥有自己个别的兴趣，可以让丈夫更多地了解你。

7. 必须与丈夫一同进步

现实生活中，经常会出现这类事例，妻子鼓励丈夫在事业上取得进步，为此一人挑起生活重担，付出巨大代价，但当丈夫事业有成时，常常是悲多于喜，含辛茹苦的妻子最后成了牺牲品，究其原因，未必全是男人的错。男人也知道要感激妻子，但丈夫各方面都有了很大进步，而妻子却原地踏步，没有同步前进，隔膜、距离也就产生了。因此，做妻子的在督促丈夫进步时，自己也必须同步前进，否则后果堪忧。

用你的智慧精心策划你的爱情、你的婚姻并能一步步地扎实有效地实施，你就会成为一个令男人爱恋、令女人羡慕的幸福女人。

智慧女性是牵手成功的强者

» 智慧——现代女性的财富

智慧，通常被看作男人的形象和气质，因为男人为社会而生存，他们天生就是理性的；而女人为家庭而生存，她们更多是感性的。然而今天，智慧越来越成为知识女性、职业女性的闪光点。在知识经济的时代到来之际，女性因为具有智慧而产生了惊人的生命力和创造力。

智慧是现代女性最优秀的素质，是女人用之不竭的文化资本。智慧的女人会打扮、会生活，她们总是能在生活、事业、心理的挑战中富有创造力和适应力，她们总能在生命的每一阶段保持自己的学习能力。她们不是仅靠容貌和丈夫的财富生活的女人。

时代的发展，使女人越来越会打扮，越来越漂亮，女人用的化妆品也越来越贵，而化妆品的说明书却越来越让人看不懂。商家的经营之道对女性心理世界的迎合不断开发着庞大的女性消费的潜在市场。女人的性格也在商业浪潮的熏陶下发生了很大变化，她们越来越重视生活的细节，重视自己的身体语言，重视容貌的社会价值。服装、化妆品、手提包、钱夹、围巾、皮鞋的品位和档次都成了体现女人品位的细节。商业时代的浪潮搅乱了女性安静的内心，也赋予她们新的激情。

社会的发展，使得女性所遭遇的生活与心理上的挑战越来越多，因此女性需要更多的知识与智慧来不断找到在现代生活中的感觉，这些知识和智慧不是从天而降的，只有良好的教育才能赋予现代女性最富有的财富——智慧。

» 智慧女性开启心智的方法

成功的女性不仅需要有良好的教育，以保证自己的知识量，同时，她还应采取一些特殊的方法，来激发自己的创造力，并由此获得成功。哈佛大学的女性研究专家们认为可以从以下方面来开启自己的心智。

1. 捕捉灵感

灵感稍纵即逝，如果你不能很快抓住，可能一去不复返。那些善于发掘创造力的女性，都已学会如何捕捉和保留那可遇而不可求的灵光一现。

就像画家的速写本从不离身，而发明家、作家习惯于携带便笺或手提电脑一样，为的是可以随时记下他们的灵感。

闭上眼睛，让你的思维自由几分钟；身体放松，让思想自由驰骋。只要别想你周围的人或事，你的思绪常常就会豁然开朗，思维仿佛到了一个你从未到过的世界，一些奇妙的想象也往往随之而来。

2. 置身挑战

使灵感快速出现的有效办法之一，就是把自己放在可能失败的困难环境中。只要你处理得当，失败就是成功之母。

其实，创造力并不神秘，它就衍生于你已知的事物。

3. 拓展知识

知识越广博，你潜在的创造力就越丰富。成功就是源于创造者在不同的领域都拥有丰富的知识和经验。所以，你应该满足你一无所知的领域，进而丰富和强化你的创造力。

拓展知识的意义还在于，越来越多的新兴科学产生于两种学科的交叉处，多领域的视野使你更容易触类旁通。

4. 制造刺激

在你周围放些可以激发大脑的东西，并经常更换这些刺激源，以此激发创造力。例如，在你的办公桌上放上一顶米老鼠帽，或是重新布置一下你的房间。周围环境不断变化，有利于你思维的发展。

另外，与周围的人相互影响也是制造刺激的一种方法。"说者无意，听者有心"，也许，正是某人无意中随口说出的一句话，刺激了你大脑中的那根弦，灵感也就在瞬间闪现。

» 智慧储备是现代女性事业成功的前提

作为新时代的女性，要想在事业上获得成功，有所建树，首先必须具备三大素质：一是要具备丰富的专业知识，相信自己有能力胜任；二是要学会合理支配时间，提高工作效率；三是要学会控制自己的情绪，不能因为工作紧张而有沉重的心理压力。

其次，还必须具备7种能力，以此作为女性职业生涯的必要基石，它们依次是：

1. 健康的身体

俗话说"身体是革命的本钱"。再有能力、再聪慧的头脑也不能保证你的职业地位长久稳固。无论你是多么优秀的高级白领，不堪重压的身体状况会令上司和同事对你产生不信任感，由此使得上司不愿对你委以重任。

2. 明确的工作目的

我为什么要工作？把你工作的目的弄清楚，并且肯定它会有助于你在遇到不如意的工作安排、难缠的同事或其他工作低潮时，能够迅速抓住问题的关键并确定自己应采取的立场，是应该积极行动，还是冷静地等待时机，抑或干脆置之不理。有了明确的工作目标才能在情绪低潮中迅速恢复理智，获得行动的动力。

3.良好的人际关系

在公司内外都应注意与人多接触，增长见识，开阔视野，而且不同工作、学习背景的朋友会带给你不同领域的新知识、新思想的刺激，使你的头脑跟得上时代的发展。另外，对公司中的前辈要多多请教，不耻下问，真诚友好的态度会赢得同事与客户的友谊。但要注意，不要加入办公室内部的小团伙，以避免没有意义的纷争和矛盾，这也是老板最不愿看到的。

4.具备电脑工作能力

这不仅仅是指打字一类的简单工作，而是指你要努力掌握最新的办公软件，做同一件工作你要比男同事干得更快、更好。需要做部分改动时，能够迅速完成。这样才能使老板承认你具有和男同事一样的电脑工作能力，打破一般人心目中女性大多具有技术恐惧症的不良印象，从而获得晋升加薪的机会。

5.外语能力

商务全球化是大势所趋。目前的翻译软件还不太完善，所以快速准确地翻译外文专业资料成了不少办公室女性在参加办公会议前的必修功课。虽然参加会议的人都是自己的同胞，但未经翻译的原件也会令那些外文基础不强的人不知同事所云何物。就算你不打算角逐派驻海外的机会，你也不想被人从会议桌前请走吧，所以，要完善自己的外语翻译能力。

6. 舒解精神压力的能力

工作中总是充满了压力和挑战，只有学会舒解工作中积累的精神压力才能保持长期的良好精神状态。无论是同事还是老板，都不愿看到你眉头紧锁或过分敏感、易于激动的样子。这种状态就像在告诉别人："这该死的工作，快让我发疯了。"即使你最终完成了工作，老板也会想：她不太适合担当重要工作，她太情绪化了，工作会让她精神崩溃的。这样看来，年终晋升加薪的机会并非是被别人抢走，也不是老板对你的工作成绩视而不见，他们只是不愿看到你紧张兮兮的样子，因为这也会令他们感到紧张不适。

7. 善用金钱的能力

用金钱买时间、买效率、买机会是职业女性应具备的金钱观念。自己亲自用午休时间急匆匆地出去采购、下班铃一响就冲出门去接小孩都是非职业化的表现。其实，你完全不必如此，花钱请一位小时工或保姆代劳就可买回更多的时间和自由，投入工作。另外，有时为了工作，也要舍得自己掏掏腰包，不必太过计较。

例如，需要争得一个商务机会时，客户急需一份资料时不妨自己出钱在家打打长途电话，自己出钱请速递公司代送文件。这些小花费虽然不一定符合公司的报销原则，但若等上司批了再办就有可能损失掉一些宝贵的商业机会。舍不得芝麻却丢了西瓜，老板怎会不抱怨你"脑筋笨，办事能力差"。

职场丽人晋升智慧法

女性进入职场后，很快就会发现，女性在职场里晋升是如此艰难。在小公司还好些，一旦进入一些中型企业或者大型企业，工作一段时间后，渴望晋升的你像被迎头泼了一盆冷水，那些公司里的前辈们，正努力排好队，等着晋升。也就是说，如果你自己也加入他们排队的行列中去，那样即使你排个十年八载，也不一定有晋升的指望。

那么，职场中的女性要怎样做才能迅速得到晋升的机会呢？对此，哈佛大学总结了以下几点：

1. 要具备升职的能力

如果你想升迁，现有的能力永远是不够的，假设你是一个普通职员，想升迁到主管位置上，那么，你现在的专业技能显然不够用，你需要具备相应的管理能力，以便管理下属；还需要熟悉相关部门的知识，以便跟他们合作，等等。如果这些能力还不具备，就应该尽快学习，"等爬上去再学习"的想法是不现实的，哪个上司愿意将某个职位交给一个暂时还不能胜任的人呢？除非那些任人唯亲的人才会如此。

能力是一把梯子，决定你能爬多高。当然，能力并不是个简单的观念，主要由以下 4 个部分组成：

（1）知识：具备相关的、已经组织好的信息，而且能够运用自如。

（2）技巧：能将困难或复杂的技术简单化。

（3）信念：对自己完美的表现有信心。

（4）态度：表现出高水准的积极情绪倾向和意愿。

但是，并非所有的能力都有助于你事业的发展，也没有一种能力可以适用于各种职业。所以，寻求新的发展，就意味着所获取的新能力要服从事业发展的需要。

2. 要掌握职场晋升之道

（1）找准职场晋升点。在职场竞争中，女性很容易迷失自己，当她们发现晋升之路越来越渺茫时，往往就对自己失去了信心。但是，女性要在职场晋升，首先就要对自己有自信。当然，职场里，获得领导的赏识和信任是件不容易的事情。但是，不管你的经验如何，都不需要感觉沮丧，只要你下决心认真地做好工作，任何事情还是有转机的。

从某种程度上来说，年轻人的晋升是依靠公司前辈的让步和信任所获得的，而不是年轻人努力的结果。这就是为什么很多人很努力，却始终没有晋升机会的原因，为何会出现这种情况，简单点说，就是努力方向出了错。

职业女性如果能获得公司前辈的让步和信任，她的努力就会有结果，不管是素养、能力，还是升职、加薪等，都会得到快速的成长，到那时就能真正要风得风，要雨得雨，跟现在的你完全是天壤之别。

（2）学会和上司唱双簧。当你找到一份工作，自然就会有一个直接上司，这个直接上司，在很大程度上决定着你在公司里的职业发展。所以，不管在什么时候，都要对你的直接上司负责。

①对上司让步。有求于人先予人。每个人都有自身的弱点，不管上司多么优秀，还是知识渊博，也会或多或少地存在一些缺陷。当上司在做自己的工作时，这些缺陷还能够因为刻意遮盖而隐藏掉，但当上司实行管理时，缺点往往就会暴露出来，在这样的情况下，当部分员工对上司出现怀疑情绪时，你应该坚决站在上司这一方。但并不需要特意表现出来，你只要设法在工作中，努力把上司的管理漏洞弥补掉，那么你就做到位了，或者说，你明里暗里在跟上司唱双簧，时间长了，上司自然会明白。

②对上司信任。获得上司信任的人才有机会得到重用。一个连对上司都不信任的人，是不太可能获得提拔和培养的。

尽管有时候，你认为你的上司不值得信任，但公司高层不可能不知道，唯一的原因就是，你没有找到上司的优点。

人无完人，只有对上司表现出足够的信任，你才能够宽容地对待上司表现出来的缺点，并在工作中努力修正，以实现或达到部门的绩效，简单点就是，你还是应该跟你的上司"唱双簧"。

若你能够充分把自己的优点与上司的优点很好地结合起来，那么公司的初衷就能够实现，只有在公司发展的情况下，你的晋升空间才会加大。

③向上司借力。你在跟上司唱双簧共同建设部门时，公司的高层是肯定知道的。从公司角度出发，一个知道团队配合、宽容和信任的员工，才是公司的好员工，在你努力做这些事情的时候，公司方面也在关注你。

当公司出现职位空缺时，你会有更多的机会获得这样的岗位，而这个机会实际上就是来自你上司的推荐。

不要认为你努力工作就能得到晋升，这种想法是很不切实际的。不管你的工作有多努力，如果没有人向上面推荐，那么，你所有的努力只有你的上司和你自己明白而已，在其他部门出现职位空缺时，没有人会想到你。向上司借力，主要是希望获得上司的推荐，不管是部门内部还是部门外部，上司对你有最直接的发言权。从人的本性方面来说，谁都愿意把机会让给一些值得信赖的朋友，而不是一些能力高的员工。

渴望晋升，无可厚非，没有人不希望获得满意的职场生涯。获得公司前辈的让步和信任，学会跟上司唱双簧，以获得上司的支持与提名，是最快也最行之有效的职场晋升之道，如何去把握，那就是你自己的事情了。

3. 熟知影响职场晋升的 5 个认识误区

（1）上司应该知道我想升迁。如果你想进步，上司的支持通常是必不可少的。花一些时间构思改进工作的计划，找机会跟上司会面，陈述你的目标。在得到上司的支持之前，不要结束会面。"您愿意帮助我吗？"这是在这种会面必须问及的关键性问题。

（2）如果与别的经理接触过密，你的上司将会感到威胁。如果你的上司没有干好工作，他（或她）是会感到有威胁。如果你很希望在某个部门工作，那么就尽全力在那个部门内建立关系。对于那个部门正在进行的工作要感兴趣，让人们知道你愿意学习更多的东西；在那个部门需要帮助时尽量帮忙——前提是不要干扰你自己的工作，否则你的上司感到的就不是威胁而是愤怒了。如果你坚持这样做，当那个部门有新职位时，人们自然就会想到你。

（3）同事是我最好的朋友，（他）她不会和我竞争新职位。同事之间很少存在真正的友谊，如果新职位的报酬比目前提高了10%～20%，人们通常就会去竞争它。记住，办公室可不是咖啡馆，公事总是排在友谊之前。尽管很喜欢同事，你也要专注于工作，不要因为无价值的闲聊而分散了精力，别人可能会在你漫不经心当中抓住机会。

（4）人们应当知道我是名勤奋工作的员工。做一名勤奋工作的员工，并不意味着你就一定可以获得应有的回报，你还得时不时为自己吹吹喇叭。

（5）获知新职位的唯一途径是看人事公告。通过办公室的小道消息，你能够知道几乎所有的事情。如果你不加留意，就有可能错过重要的信息。你可以借出入其他部门办公室的机会与人寒暄："嘿，周末郊游玩得怎么样？"用这样的问话开头，可以很容易地与别人沟通。但要记住：不要逗留过长的时间。那样别人会误解你不努力工作，是一个四处游荡的"包打听"。

职场中的行动底线是要做一个参与者而不是旁观者。为了你自己的职场前途，不要只是观望着别人进步，应当马上采取积极行动。

4. 了解外企女性快速晋升的 6 大要素

（1）有中外教育背景。外企不断对中国本土人才委以重任，与他们对本土人才发展的肯定和认同有关。据调查，外企的本土高层管理人才中，大部分有着高学历，有留学和出国培训经历的占了 90%，外籍华人也有不少。

（2）有出色的特长。做外企员工，你要有价值，人力资源部门选择你，就是因为你有价值，有专长，他们会依你所长，把你安排在合适的职位，在这个职位上，你应该能完全胜任工作，如果连本职工作都胜任不了的人，那他肯定是没有什么前途的，等待他的只有被公司淘汰。

（3）有较强的应变能力。优秀的员工通常不满足于现有的成绩和现有的工作方式，而愿意尝试新的方法。未雨绸缪，化被动为主动，才有能力迎接新的挑战。外企是外国公司在中国的分支机构或办事机构，公司管理层的调整和变化、人事变动等都是正常的，是公司为了适应市场竞争的需要，这些变化或多或少会影响你的工作和你的位置，如何保持正常的心态迎接变化、适应变化，是想进外企工作的人要有的最起码的准备，随着你的工作责任增大，适应变化就变得更重要。

（4）有强烈的责任心。完成本职工作是员工的责任，当工作在8小时内未完成时，加班更是分内的事。你要热爱自己的工作、自己的职业，也只有这样，公司才会给予你相应的报答。在外企，主动要求给予提升是受鼓励的，因为外企认为，你要求担当一定职务，就意味着你愿意承担更大的责任，体现了你有信心和有向上追求的勇气。

（5）有学习能力。外企认为，一个优秀的员工会利用一切机会学习、吸收新的思想和方法，善于从错误中吸取教训、从错误中学习，不再犯相同的错误。一个不爱学习的人在当今社会是没有前途的，因为，大学所学的知识在工作中只能占20%，80%以上的知识需要在工作中学习，一个人不善于学习，接受不了新的知识，新的技能，也就没有什么潜力可挖，更无发展可言。

（6）有团队协作精神。外企深知个人的力量是有限的，只有发挥整个团队的作用，才能克服更大困难，获得更大的成功。管理的精要在于沟通，管理出现问题，一般是沟通出现故障，上级要与下级沟通，下级也应主动与上级沟通，部门之间也要沟通，不沟通就会产生隔阂，再一走了之就更不是好办法，善于沟通的员工易于被大家了解和接受，也会被公司认可。

光鲜只有几年，最终拼的是实力

有魅力的女人对财富更有吸引力，有魅力的女人身边总是围绕着各种各样、各行各业的人物，朋友越多，赚钱的机会就越多；求职于同一个岗位，有魅力的女人总是会脱颖而出；就职于同一个岗位，有魅力的女人晋升相对更快一些，从而比普通的女人获得更多的加薪机会……总之，魅力是女人身上开出的一种花朵。那么，女人的魅力是什么？漂亮的脸孔，姣好的身材，抑或是迷人的声音？著名作家陈燕妮说："有实力才有魅力。"

很多女孩在年幼的时候，人们就不停地告诉她们——"花无百日红"，女人的美是短暂的，所以一定要在最美的时刻找个好男人把自己嫁掉。其实他们不明白，女人，最重要的财富并非她的年龄，而是她的实力。只要她的实力随着她的年龄一同增长，她的魅力非但不会贬值，反而会不断增值。

有实力的女人不一定貌若天仙，但一定会有与众不同的气质。她们即使身临困境，心中也有光明和希望，绝不气馁，即使在逆境中也能化解人们心中坚硬的冰。有实力的女人聪明智慧，善解人意，所以成功总会眷顾她们，她们因而迎来男士们的青睐，她们也会有勇气去追求自己所爱的人，从而给自己多一个机会。

有实力的女人在为人处世上从容、大度，不陷入世俗的旋涡中。有实力的女人会虚心接受别人的批评，明白忠言逆耳，肯指出自己不足的人才是真正的朋友，听取不同的意见，取长补短，让自己离完美又近了一步；有实力的女人喜欢学习，可以用知识使自己成为有内涵、有修养的女人；有实力的女人还懂得发展自己的兴趣和爱好，并付出110%的努力。

当今女性已经不再是大门不出、二门不迈的大家闺秀；不再是弱不禁风、羞涩万千的小家碧玉；也不再是手无缚鸡之力，需要人同情、怜悯的对象。她是一个独立意义上的人，拥有和男人一样聪明睿智的头脑，拥有改变自我、改变生活的能力。换句话来说，女人照样能成就大事，能成为这个时代的宠儿。这也就是实力为女人增添的魅力。

女人，若想有实力，就需要在对你重要的一切领域或方面有一系列成功，无论是运动、工作或爱好，领域越广泛越好。这样你会发现，这些辛勤工作开始让你看到成功。最终，你会变得充满自信。

而且女人的幸福与快乐，其实并不是男人给的，而是靠自己的努力获得的。婚姻当中最可靠的不是男人，而是自己。女人的实力与魅力并不冲突，因为有实力才会更美丽，因为有实力才会更快乐；而主妇要增加自己的实力就应该学会自我镀金，提高自己持续赚钱的能力，因经济独立而美丽。不论是参加考证还是参加培训，抑或是出国留学，都可以为自己的"实力存折"蓄势。如此一来，你的魅力不但不会随着岁月的增长而减少，反而会因为你的实力而有所增加。

陈燕妮生于杭州，长于北京，毕业于上海铁道学院机械系铁道车辆专业，是中国作家协会北京分会会员，曾任《中国社会保障报》记者。1988年赴美，曾任美国《美东时报》记者，美国中文电视台记者，现为《美洲文汇周刊》负责人。

从《遭遇美国》的轰动开始，陈燕妮的书就成了国人认识美国的一个窗口，人们在她的充满女性意识的笔下认识了美国更多的方面，也看到更多中国人在大洋彼岸的艰辛和奋斗，以及中西文化碰撞中曲折的心灵体验。陈燕妮在美国5年后出了第一本书《告诉你一个真美国》，随后几本讲述华人在美创业以及华人回国经历的书一经面市，就成了当季的畅销书。后来，她创办了《美洲文汇周刊》，自己担任总裁。

她给人的感觉总是那么自信，大家都为她的那种自信的魅力所折服。她说："在美国要有足够的自信，就要有足够的实力。"据了解，在做记者的时候，她是最勤奋的。

她说："白天上班，晚上写书，把所有的业余时间都用在写书上。现在自己办报也是件头绪很多的事，白天忙得团团转，到晚上开始整理思绪写书，经常要写到夜里三四点。"

从中我们可以看出，陈燕妮自信的魅力是由她的实力来支撑的，大家这么敬佩她、推崇她并不是因为她的长相、她的性格，而是因为她拥有细腻的文笔和傲人的实力，是因为她拥有令人羡慕的事业。所以想要拥有迷人的魅力的女人就要学习陈燕妮的做法，努力建立自己的信心、性格、态度，学会喜欢自己，这样，周围的人也才会喜欢你。对于女人来说，美貌可以使女人骄傲一时，实力可以使女人自信一生。

当然，我们所说的实力不是华丽的外表、名贵的服装、高档的首饰，而是内在的素质，是本领，是技能，是品格。流利的普通话是实力，雄辩的口才是实力，遒劲有力的书法是实力，一口地道的外语是实力；扎实的专业知识是实力，娴熟的专业技能是实力；较强的组织和管理能力是实力，良好的沟通交际能力是实力，丰富的实践经验是实力；一本本荣誉证书是实力；良好的心理素质是实力，健全的人格是实力，高尚的品格是实力……实力说到底是竞争力，是财富的敲门砖，是傲立金钱江湖的资本，是在众多的求职对手中脱颖而出的"法宝"。

韩老师从师范毕业后一直在一所乡村小学教书，如今已经临近退休的她仍然是整所学校学生心目中最漂亮的老师，孩子们都觉得韩老师根本不像一个快50岁的人，无论从思想到心态，还是外表打扮，处处洋溢着亮丽的色彩，因此都愿意和她聊天。

为什么韩老师会有这么大的魅力呢？这就是因为实力决定了魅力。

韩老师从走上讲台的第一年开始，每年都被评为优秀教师，还多次被评为省一级的优秀教师。又能够做到与时俱进，当电脑开始流行的时候，她就开始跟着她的孩子学习用电脑，虽然都快50岁的人了，还学着年轻人在网上聊天，她是她们那个乡村小学第一个用 Flash 做课件的老师，讲课比赛、教学成绩，总是排在第一位，每年拿到的奖金也是全学校最高的。所以不管是学生、还是同事，甚至是领导，都被韩老师的魅力所折服。

没有实力，也就没有魅力。中国有一句谚语："桃李不言，下自成蹊。"意思是说，桃树和李树虽然不会说话，但由于它们花实并茂，能够吸引人们爱慕，以至在树下自然地踏出一条条小路。桃李要是没有"花实并茂"这一"实力"，自然也就没有人们爱慕的"魅力"。所以，我们要用实力来增加我们的魅力，让我们能够得到更多财富机会的青睐。

生活有智慧，愉悦自然得

现实生活中，越来越多的女人像男人那样去拼事业，整天忙着工作忽略了家庭；忙着追逐名利而忽略了自己的内心声音，忙着去做整容而挽留年轻的容颜却忽视了精神的需要。

一切的事情都很忙，因为忙，连休息都顾不上，因为忙，忽视了父母和朋友，因为忙，失去了生活的乐趣。但多半的人，往往不知道为何这么紧张，为何如此忙碌？因此，忙碌的人们更需要智慧的生活，并从忙碌的现代社会中得到解脱。

内心淡定是智慧的、安定的、清净的。智慧是不被环境所困扰，安定是不被环境所混乱，清净则是内心不随外境杂乱而杂乱，不随外境的污染而污染。所以，智慧生活的人，方能在忙碌、紧张、疏离、物质、焦虑的现实生活中寻到自己的心灵净土，从而能够更好地掌控自己的生活。现代人之所以焦虑、苦恼，很多时候就是因为想要的太多，以至于无法放下，自然就会因为得不到而痛苦，然而大多数人都是"需要的很少，想要的太多"，却忘记了知足常乐这样一个简单的道理。

跨入现代社会，每个人的生活都发生着巨大的变化，物质水平得到了提高，精神世界更加丰富，但与此同时，现代人也面临着越来越多的外界困扰。高度紧张的生活让所有人都像是一个陀螺，身不由己地高速运转，责任或者欲望像是一根鞭子，不断地抽打在每个人身上，剥夺了稍作休息的机会。

生活中，每个人其实都拥有了让自己获得幸福的法宝，只是兜兜转转忙忙碌碌的生活让人无法静下心来体悟自己已有的财富，更多时候仍是像上了发条的机器盲目地追求着自己也不确定的目标。

原来幸福距离每个人都是这么近，急于向更远处寻找幸福的人，何时才能悟到这个道理呢？

淡定的女人能够将智慧融入生活，就能在生活中实现自我的超越。生活中的美好原本就是存在的，只是我们没有及时发现。生活中处处需要智慧，无处不呈现着禅的生命。现实生活虽日益繁乱，但是如果我们从生活中发现智慧的活法，让智慧与生活融为一体，便能享受到如诗如画、恬适安详的生活了。

淡定的女人如果将智慧融入现实生活之中，我们的人生就会充满了愉悦而幸福的一面。那时候，"采菊东篱下，悠然见南山"的恬淡心境就不仅存在于陶渊明的千古绝唱中，而"溪声尽是广长舌，山色无非清净身"的得禅苑清音也将在每个智慧女性的身边唱响。

逃出虚荣心的束缚，做洒脱的女人

每个人都有爱美之心和荣誉感，但超过了一定的度，就变成了虚荣心。女性同男性相比，内心更加感性些，更加看重表象化的东西，所以虚荣心几乎成了女性的"专利"，很多女性都有虚荣心，直接影响到了女性的生活幸福和工作成就。

虚荣心表现在行为上，主要是爱慕虚荣，盲目攀比，好大喜功，过分看重别人的评价，自我表现欲太强，有强烈的嫉妒心。有一些虚荣的女人为了得到金钱名利而出卖自己的人格尊严；为了得到美貌而不惜花重金，伤害自己的健康去整形美容。不管最终目的能否实现，虚荣的女人往往是悲哀的。

虚荣的女人喜欢盲目的攀比，渴望别人的认可奉承。为了满足自己的虚荣心，有的女人往往刻意制造出虚假现象和语言，让心中缥缈的幸福感在别人的眼里"真实"起来；通过夸大或捏造事实来庱获他人或肯定、或赞赏、或嫉妒等心理来消除内心的缺失。可事实上，虚荣通常会让女人失去更多。

大学刚毕业的露丝，在父亲的帮助下，顺利地成为公司的一个部门主管。因为露丝的父亲与公司老总的私交关系不错。刚工作的露丝工作经验不足，却也不虚心请教工作中的问题，总是喜欢以一副高高在上的架势面对下属，下属当然也看她不顺眼。

上司让露丝负责一些简单的事务，先锻炼一下她。也许是为了尽快取得上司的信任，露丝总是在上司面前夸夸其谈，说自己大学时是学生会秘书长，组织过许多文艺晚会；曾参加过大学生辩论赛，被评为"最佳辩手"；在大学生形象设计赛中荣登冠军宝座等。这种话说得多了，上司也就信以为真了。

有一次，公司要组织一次客户答谢晚会，上司就向老总建议交给露丝去组织。结果当然是一团糟。全公司的人员都在嘲笑她，颜面尽失的露丝相当不服气。老总也责备她："听说你组织晚会很有经验吗？这次是怎么回事？"

露丝找理由说是下属的不配合，老总大发雷霆："我以为你只会夸夸其谈，原来推卸起责任来脸不改色心不跳。即便真的是下属没配合好，这更证明你缺乏领导能力和人格魅力。"老总很生气，只得把露丝的主管职位取消了，让她从一名普通的员工做起。

虚荣心强的女性，在追求事业的发展时，不是把精力放在刻苦学习提高能力素质和踏踏实实干出成绩上，而是放在做表面文章、弄虚作假、哗众取宠以赢得领导的表扬上，结果事与愿违，坑了自己，害了事业。

虚荣心往往使女性失去清醒的头脑，迷失方向，在恋爱和选择配偶时，更加看重容貌、物质条件等外在的条件，虽然风光一时，满足了自己的虚荣心，但由于对方的人品、修养、才华、脾气性格等方面的欠缺，共同生活之后，才发现丈夫自私自利、缺乏责任心、修养较差、脾气暴躁等，如此一来，痛苦的只能是女人自己，只好叹息、后悔不已！

著名小说家莫泊桑在他的短篇名作《项链》中写了一个为贪慕虚荣而招祸的典型。

漂亮迷人的女子玛蒂尔德由于出身低微而嫁给了一个小职员，十分难得的一个机会使她有幸参加了上流社会的一次舞会。为了展示自己的漂亮迷人，她借了女友的一串钻石项链，从而在舞会上获得了惊人的成功。她的漂亮迷人令舞会上的所有男子注目而超过了所有在场的贵妇人。

但不幸的是她在回家途中丢失了那条项链，于是只好借债购买同样的项链赔偿女友。夫妻二人节衣缩食苦挣了十年才还清欠债。当她的青春被生活的风霜剥蚀殆尽变得十分苍老时，碰到借给她项链的女友依然那么年轻漂亮；在交谈中女友告诉她，借给她的钻石项链原本是一串仿制的赝品。

玛蒂尔德为了满足一时的虚荣借了别人的项链而弄丢了，为此她把青春都提前消耗掉了，后来却过着一种可悲的生活，"她变成了贫穷家庭里的敢做敢当的妇人，又坚强，又粗暴。头发从来不梳光，裙子歪系着，两手通红，高嗓门说话，大盆水洗地板。"虚荣让她付出了极大的代价。

现实生活中不乏虚荣心强的女性，她们看到别人买了新衣服，就盲目地"跟进"，不管自己需要不需要，适合不适合自己，都要急于买套新衣服，并且还要买比别人更贵的；看到别的女性去做美容，也不考虑自己的实际情况，就跟着去做美容；看到别人给孩子买了钢琴，也不管自家的孩子是否需要，就盲目地买来钢琴，哪怕是闲置不用，心理也就平衡了等。凡事都想与别的女人争个"面子"，结果不但"面子"争不回来，而且还浪费了大量钱财，影响了自己的生活。

女人生来喜欢美丽的东西，面对美丽的东西恋恋不舍。如果虚荣心超出了自己的经济范围就会带来反作用，虚荣心之过盛，危害着女人及其家庭。有的女性为了买件漂亮的裙子，为了脖子上能挂上亮光光的链子，甘愿空着肚子。为了拥有高档楼房，为了拥有时髦的小车，为了不让同学小看，把老公逼得腰都直不起来！

漂亮女人耀天下，聪明女人打天下

大多数女人都渴望自己漂亮，因为漂亮的女人才能成为人群里的焦点。可是，人们常常会忘记，漂亮不过是一时的，没有哪一朵花可以永远地盛开。

相比之下，女人的聪明和智慧，要比漂亮更长久。聪明的女人，即使不能因为美貌闪耀在人群当中，也能凭借自己的智慧，为自己打出一片天。

一天，苦于买不到衣服的胖女人南茜走出第六家服装店时，真的有些绝望了，难道偌大的一个美国就真的买不到一件适合自己穿的时装吗？

从生下第二个孩子开始，不到三年的时间，南茜的体重增加了 36 千克，哪儿都买不到像她这样身材的女人可以穿的漂亮时装。时髦的新款没有大号码，有大号码的款式既难看又过时。那些时装设计师和商人只注意到身材苗条的女人，而忽略了为数众多的肥胖女人。无奈的南茜只好自己动手做起各式各样的时装来。对于曾经是服装设计专业高才生的她来说，这并不是一件很困难的事情。

有一天，南茜在买菜回家的路上，遇到了两个和她差不多胖的女人。她们惊讶地问她的衣服是在哪儿买的。当得知是南茜自己做的，两个胖女人摇着头失望地走了。南茜回到家中，脑海中突然涌现出一个念头：开一家服装店，专门出售自己为胖女人设计、制作的时装。

第二天，南茜就风风火火地干起来了。新店开张后，生意出人意料的火爆。原来，有那么多胖女人渴望着能买到专为她们设计的服装。没有多久，南茜的时装公司就拥有了 16 家分店及无数个分销处。她每年定期去欧洲进布料，在全国各地飞来飞去巡视业务，豪宅、名车也随之而来。

最让南茜高兴的是，她每天都可以穿一件自己设计的漂亮时装去逛街。

南茜创办的时装公司的名字就叫：被遗忘的女人。

后来，美国内华达州举行"最佳中小企业经营者"选拔赛，南茜赢得了冠军。南茜夺冠的秘诀其实很简单，只不过把服装尺码改了一个名称而已。一般的服装店都是把服装分为大、中、小以及加大码四种，南茜的不同做法就是用人名代替尺码。

玛丽是小号，林思是中号，伊丽莎白是大号，格瑞斯特是加大号。她们都是女强人。这样一来，顾客上门，店员就不会说"这件加大号正合你身"，取而代之的是"你穿格瑞斯特正合身呢"。

南茜说："我注意到，所有上店里来买大号或加大号服装的女性，都会流露出不愉快的表情。而改个名称，情况就完全不一样了，况且这些人都是名声很响的大人物。"

在挑选店员时，南茜也别具匠心，站在大号和特大号服装前的店员个个都是胖子，无形中使顾客消除了不好意思的感觉，因而顾客盈门，利润滚滚。

因为聪明和智慧，南茜发现了前所未有的商机，在服装界闯出了一片天。可见，女人的最大资产，不是漂亮的外貌，而是聪明的头脑。

做人群中最耐看的风景

哈佛大学女性气质培训课程指出，这样一种女人最具魅力：她们聪明慧黠、人情练达，超越了一般女孩子的天真稚嫩，也迥异于女强人的咄咄逼人。她们在不经意间流露着柔和知性的魅力的同时，也同人群保持若即若离的距离。

英国作家毛姆曾经说过："世界上没有丑女人，只有一些不懂得如何使自己看起来美丽的女人。"现代女性早已经学会在繁忙和悠闲中积极地生活，懂得如何读书学习，也懂得开发自身的潜能，从而使自己的女性魅力光芒四射。

下面是一位女性朋友的心得：硬件不足软件补（沙浜，女，35岁）。

作为一个女人，只有漂亮的脸蛋是远远不够的，她必须学习，不断地在精神上有所进取。当然，并不是因为我丑才说这番话的。因为相貌一般或欠佳的女性，非常明白自身的缺陷，所以就特别懂得去发掘自己的个性美，更注重内在气质的培养和修炼。

我曾在一家国有企业任职，我们办公室有两女三男，另一个女孩的确长得很漂亮，她也因此占尽了便宜。但要论能力、论业务，她样样不如我。可一遇到涨工资、晋升职称、疗养的机会，却样样都是她的。

面对这些不公平，我没有说什么，只是暗暗地读书学习，报名参加了英语班、计算机班和舞蹈训练，给自己"配置"和"升级"了许多优秀的软件，因为我很清楚自己的硬件不足，只有靠软件来补了。

两年后，我辞职来到一家合资企业。在那里，我从一名职员开始做起，一直做到总经理助理。在一次谈判结束后，对方的老总邀请我共进午餐。后来，他成了我的先生，他说那天我在谈判中沉着冷静、不卑不亢的态度和优雅的举止、不凡的谈吐，深深地吸引了他。当时，他觉得我是最美的女人。

现在，我已经自己做了老板，有了一个可爱的孩子。先生说我在家庭中是贤妻良母，在事业上是个优秀的管理者。

看来，有情趣、有智慧的女人是最美的。女性的智慧之美胜过容颜，因为心智不衰，它超越青春，因而永驻。"石韫玉而山晖，水怀珠而川媚。"西晋人陆机这样评说智慧之美。谚语云："智慧是穿不破的衣裳。"衣裳，自然是与风度美息息相关的。所以，现代女性中注重培养自身风度之美者，在不断改善自身的意识结构和情感结构的同时，无不特别注重改善自身的智力结构，积极接受艺术熏陶，使自己的风度攫获闪耀的智慧之光。

很多男人在言语行文中流露出一种对知性女人心驰神往却又可望而不可即的无奈与惆怅，在他们眼中，这一类女人人间难求，绝对不是俗物。事实上，"知性女人"是食人间烟火的俗人，她们同样离不了油盐酱醋茶，同样要相夫教子，因为只有大俗方能大雅，只有这样才是完美的女人。

知性女人的优雅举止令人赏心悦目，她们待人接物落落大方；她们时尚、得体、懂得尊重别人，同时也爱惜自己。知性女人的女性魅力和她的处世能力一样令人刮目相看。

培养进取心，让智慧不断升级

进取着的女人是美丽的，这种美丽是不可替代的。进取赋予了女人自立自强的人格魅力。如果把年轻靓丽的容颜比作花朵的话，那么经过进取历练的气质美便是从花朵中提炼出来的精华。前者娇嫩易逝，后者却历久弥香。要知道，事业上执着的信念、淡定的心态和宽广的胸怀，是修炼女性气质之美的三大法宝。有了它们，进取就无时无刻不在为女人化妆，使进取中的女人更美丽、更幸福。

进取着的女人是美丽的。进取，让女人走出了狭小的家庭生活空间，让女人的视野开阔，心也随之澄明起来；进取，让女人发现了更能凸显自己个性价值的方式；进取，也最能让女人找到自己的尊严。面对一个自尊自爱、自立自强的女人，相信每一个人都会由衷赞叹她的美丽。

在这类女人的身上，首先打动人的是信念。信念是她们对进取的热爱和理解，是她们面对挫折、打击时，仍然在内心深处固守的一份执着的勇气。有了这样的信念，才会真正明白拥有一份进取的意义，并真正地和这份进取融为一体。其次是淡定的心态。一种宠辱不惊、未来尽在掌握的优雅，直面困境，笑对冷语忌妒，并以微笑感染身边的人。这种发自内心的灿烂的影响力，远胜所有驻颜良药。最后是宽广的襟怀。高速的生活节奏让人们几乎忘记体谅、忘记感动，而她们却懂得时时体谅他人，赢得尊重。

第四章

美丽有质，
唯有知性能打败岁月

女人不要忽视修炼知性美

生活中，我们经常会看到一些女人，周身堆满名牌，满身挂金戴银，但怎么都没有魅力的味道。魅力需要内外兼修，形神兼具。外所谓形，内所谓神，神气之足，外形自具，而外在之修饰臻于完美，也促使内在气质的完善。素养和气质主导着你的魅力。

魅力是一种复合的美，是通过后天的努力与修炼达成的美，它不仅不会随年岁的改变而消失，相反它会在岁月的打磨之中日臻香醇久远，散发出与生命同在的永恒气息。现实中，那些耐人寻味的女人，言行举止优雅的女人，往往并不仅仅是因为貌美惊人的吸引力，而是有着良好的品德修养。

提到"知性美女"，很多女人都会想到徐静蕾，从当初的清纯玉女蜕变为优秀女导演以及靠一支笔博出位的"天下第一博"，这顶"知性"的帽子，老徐想不戴都不行。徐静蕾这朵正优雅盛开的菊花，与各种才艺的修炼是分不开的。

在徐静蕾小时候，徐爸爸没有想让她成为什么家，只是希望她做一个知书达理的姑娘，说得最多的就是：腹有诗书气自华。在这种家庭教育的背景下，她却被父亲"逼着"在市少年宫书法班学习，而现在写得一手好字。据说过去的"北京饭店"四个字还是她写的。书法的特长将徐静蕾保送进当时北京朝阳区最好的中学 80 中。

有一次，徐静蕾和家人去别人家做客，一进家就看到人家正在画画，她觉得画画真好，可以把自己心中的想法用画笔画出来，这比写字更含蓄。于是，她又喜欢上了画画，17 岁的她骑着自行车穿梭于偌大的北京城，走很远的路去学画，一学就是一年。当时，她是一心想要考中戏的舞美系和工艺美院，结果却名落孙山。

那天在中戏看了考试结果，徐静蕾郁郁寡欢地走出校门，就在这时，一个导演竟然把她误认为是表演系的学生。她突发奇想，我为什么不能去北京电影学院试试。让她意外的是，她在北京电影学院表演系的考试中竟然连过三关，一考即中。

然而，激情退却之后却是惨淡的现实，入学之后，小徐发现北电表演的漂亮姑娘那真的是很多的，朴素的、干瘦的、平胸的她如何也自信不起来。课堂上，她不愿也不敢上台去表演和排练，害怕在人前表现自己，总是躲在后边能躲一节课算一节课。那段时间如果在北电的校园中，你会发现这样一个女孩儿，她穿着背带裤、不施脂粉，总是低着头独来独往于校园之中。

身为表演系的学生，徐静蕾知道自己这样不行的。于是，她开始突破自己，试着去融入同学，与大家一起排演各种小品。业余时间观看大量的电影，边看边揣摩角色。慢慢地，时间长了，表演多了，她才习惯在镜头前表现自己。

清新淡雅的外形让她在全班同学中脱颖而出，第一个接到演戏的工作，又正是这份与众不同的知性使她成为荧屏上崭新的一抹新绿。徐静蕾在演艺事业上攀上了一个高峰，凭借《我爱你》，徐静蕾获得了华表奖最佳新人奖，《开往春天的地铁》让她获得百花奖最佳女主角奖，而《我的美丽乡愁》带给她金鸡奖最佳女配角奖。

这个时候的徐静蕾已经被冠以"才女"的名声，然而她却并不以为然，她深知自己的才华绝不仅仅是写字可以写得那么好，其他的事情也可以做得很优秀。这时，她在就心中暗暗种下了拍电影的愿望。

身为演员的徐静蕾知道，演员必须服从于整部戏。有时候，她必须要和很多其他演员竞争一个岗位，做演员必须要等待被挑选。如果遇到一部烂剧本、烂导演注定了烂戏，演员的演技再好也是拯救不了的。而这种"被动"对于徐静蕾来说，无疑是一种限制，厌倦了命运掌握在别人手中的她，要做一回导演，将自己和整部戏的命运掌握在自己的手中。

没有丝毫导演经验的徐静蕾，在开始面对一部戏时简直是"不懂装懂"。她一度在走廊里来来回回无数趟，脑海中不停反问自己"我到底聚了几十个人在这里干什么？"她有时候甚至想：不做了，回家睡觉。

但为了不辜负这些前来支援的演员，他们大多是自己的朋友。徐静蕾咬牙坚持着，熬过了那段想要逃跑的日子，战胜了想要放弃的念头，徐静蕾留下来了，正是如此她才成了今天名扬天下的老徐。

并且她做出了成绩、为了下一个决定而下一个决定，在这其中的辛苦和崩溃也是外人所无法知道的。这些经历对于第四代、第五代导演们的心路历程来说，真的不算什么。但要知道，徐静蕾在和赵宝刚、张一白等大导演合作演戏的那段日子，所积累的可是实实在在的真金白银，加上极为靠谱的圈内人脉。生活中的徐静蕾，对衣服要求很低，只要穿着舒服，不怕脏就好。她喜欢穿单色的、款式简单的衣服，平日里都穿舒适的长外套、T恤和运动裤，夏天会选择质地舒适的吊带连衣裙和人字拖，再搭配一条长项链足矣。简单的着装并不影响她身上所散发出来的知性气味。

徐静蕾自成名以来，那种举手投足间淡然流露出的优雅，那清丽的形象一直是许多人心目中的偶像。有一点梦幻，有一点倔强，有一点恬淡……有人说，徐静蕾清淡如菊；也有人说她芳雅似兰；还有人说她是绿茶，嗅之芳香扑鼻，入口清凉回味长久……这些个性，即使是那些错过追星年龄的人或者不屑于追星的人，都会深深喜欢她。

淡定女人优雅而灵性、有内涵，有主张。她有灵性，她可以无视岁月对容貌的侵蚀，但绝不束手就擒。她可以与魔鬼身材、轻盈体态相差甚远，但她懂得用智慧的头脑把自己装点得精致而有品位。做这样的女人其实并不难，如果我们保持充电，增加学识，修炼魅力，一定可以成为这样的知性女人。

知性的女人最受欢迎

何谓知性女人？知性的女人是举止优雅、落落大方，让人一见就知道有文化、有修养的那种女人。她会用实际行动告诉你，她是一个时尚的、懂得生活的女人，从她身上所散发出来的魅力会让人另眼相看。知性女人无视岁月对容颜的侵蚀，她们没有魔鬼身材、没有美丽的容颜，但是她们懂得用自己的头脑，她们懂得怎么把自己打扮得有品位。

年轻的女孩犹如早上的太阳，活力四射；而成熟的女人就像夕阳下的草原，微风吹过，足以让人心醉。成熟的女人给人一种内涵美，韵味也会显得十足。知性是属于成熟女人的，她们经历多了，懂得也就多了，有了这财富，在以后的生活中就少了很多的焦躁，她们在无意中也会流露出一种历经岁月后的智慧和沧桑。知性的女人不再会通宵达旦地喝酒，她们会在安静优雅的音乐中和朋友相对，一边品尝着美酒一边回忆起当年的陈年旧事，然后在优美的旋律中转身，给朋友一个美丽的背影。但是成熟的女人不一定知性，知性的女人不仅需要成熟，还要大度、自信等。

这样的女人最有魅力：她们聪明有智慧，通晓人情世故，与那些一般的女孩子的天真不同，也不同于女强人的盛气凌人，她们会在言行举止之间透露出温柔和知性。

知性的女人都懂得生活情趣，她们懂得什么是风情，她们时不时地会给生活营造点浪漫。她们对男人也很了解，会在需要的时候给足男人面子。她们也会偶尔要要小性子，也会撒撒娇，但是都能把握好分寸。她们这样做只是在给自己的爱情加一些调料而已。

　　知性的女人都是有知识的女人，没有知识的女人不能算是知性女人。但是读书多的女人也不一定是知性女人，比如读死书的女人，和她们交流你会感到无味。知性和学历无关，但是和阅读有关，读书多的女人有思想，也会对生活有很多的感悟，她们可以从容地面对生活中的事情，读书也会使她们更聪明。

　　知性的女人是有灵性和弹性的。灵性是指心灵对外界的理解能力，是一种直觉和感悟能力。有灵性的女人善于领悟事物的真谛。弹性是指性格的张力，有弹性的女人在与人交往的过程中伸缩自如。知性女人是灵性和弹性的统一。她们心灵手巧，善于观察事物，善于沟通。她们能对他人宽容，从而让更多的人喜欢她们。

　　杨澜是中国知性女人的代表，她大多出现在公益广告上。杨澜把中国女性的知性带给了世界，影响力是很大的。陈鲁豫也是很知性的女人，她的节目在中国影响了一代人。柴静凭借自己的能力成了成功女性，她用自己的采访方式站在新闻一线，她坚强和饱满的感情，让她成为一名知性的女人。

　　知性和年龄有关，30 岁之前你可以是张扬、单纯的；30 岁之后要让自己成熟、内敛。知性女人典雅不孤傲，如娱乐圈中的刘若英、张艾嘉等，她们长相不是倾国倾城，但是很有才情，她们真实、温柔。她们的歌声就像花朵的芬芳，让人越品越香，她们的歌声不仅有女人味，也透露出诗情画意。

女人有了健康的心态，才能正确面对生活中出现的问题。这样才不会浮躁，不以物喜不以己悲。有健康心态的女人能感悟出生活的规律，看破世间的玄机，从而让自己获得成功的钥匙。知性女人有了健康的心态，就有了健康的情怀，这样的女人才会年轻美丽。

知性的女人也会跟随时代的潮流，她们对待新事物也有一种见怪不怪的态度，面对生活她们表现出成熟大气，不再是个性张扬。她们会让自己冷静地对待事情，然后在一次次挫折中前行，在一次次前行中成长，她们慢慢成熟起来，她们的阅历就是她们的魅力所在。

知性女人有良好的品德，她们在生活中有自己的生活方式，也熟知生命的无常。她们以平常的心态面对所有事情，以博大的胸怀善待每一个人。

知性的女人会怀着感恩的心面对生活，她们与世无争，有健康的心态及人格魅力。女人的知性也体现在自我价值的实现上。我们每个人都有自己的才能，如果都展现出来，那就实现了自我的价值，自我价值实现的同时也能收到更多的快乐。

知性女人都有一把尺子，她们在丈量自己的同时，也丈量着他人，从而让自己有一个平衡点，也会通过对比让自己进步。

知性女人和平凡女人的区别在于智慧、内在和感性。知性女人是美丽的，她们美丽的不是外表，而是自己的内在，这是通过后天的修养和文化积累得到的内在美。知性女人在打扮上不会刻意追求品牌，她们有自己的穿戴方式。

其实在生活中想要成为知性女人并不是很难，只要在生活中不断丰富自己的知识，提升自己的内在修养，增长自己的智慧，净化自己的心灵等。那样就算岁月在自己脸上刻上深深的皱纹，那些皱纹里也会有智慧的光芒。岁月让自己的身材走形又能怎样？知性的女人会让自己去学习知识，她们懂得这些知识经过岁月的积累会让自己有气质，也让自己的品德更高尚。

让自己做一个知性的女人吧，这样可以收获更多的欢迎和认可。

良好的修养让你更优雅

良好的修养是女人保持优雅的基础。有修养的女人不一定有美貌，有了纯净的心灵和得体的言谈举止，就能遮盖外貌不足带来的影响。优雅是一种由内而发的气质，它是内在修养的体现。

有修养的女人举手投足之间的潇洒从容、优雅大方，会让人产生敬佩和喜爱之情。一个没有修养的人会变得不可理喻，魅力也会消失。

生活中有的女人因为别人的美貌而想去成为那个人，然后就去模仿人家，没想到取得了东施效颦的效果，最后连自己都找不到了。我们每个人都有自己的优点，如果仅仅是因为容貌影响了生活前进的脚步，那就是幼稚的行为了。

其实，容貌只占女人魅力的一小部分，女人的魅力主要来自其他的方面，我们根本就不需要模仿他人，每个人都有自己的潜能，与其在容貌上浪费时间，还不如花一些时间开发自己的潜能，因为有很多东西比容貌更吸引人。

好的修养可以为成功铺路，女人要想有好的修养，那就要养成好习惯，培养修养要从生活中的一言一行开始：

（1）要控制好自己的表情，尤其在公众场合，保持微笑会让你看起来有修养。

（2）在外出的时候，要好好照照镜子，检查自己的仪容仪表，以免衣衫不整出现失礼的行为。

（3）养成阅读的好习惯，不用一周一本，只要每年读4到5本关于人文类的书籍就可以了，这样不仅会提高修养，也会增加见识，开阔视野。

（4）会说普通话，会说两国以上的外语更佳，说话的时候控制好音量和语速。

（5）能记住家人和朋友的各种节日，也能分担他们的困难。

（6）养成每天喝水的好习惯，每天至少8杯水，但是也不要喝太多。

（7）可以每周选择自己喜欢的运动去运动，并且坚持一周做两三次。

（8）每月要做几次美容，不用太多，自己轻松就好。

（9）多参加一些高雅的活动，比如艺术画展、参观博物馆、听音乐会等。

（10）每天做做瑜伽等简单的动作，保持身材的苗条。

（11）多和朋友保持联系，让自己的友谊永远不过期。

（12）懂得基本的礼貌，在受到别人帮助的时候要表示感谢，打扰别人的时候要表示歉意。

（13）每年旅行一次，寻找内心的自己，丰富自己的阅历。

（14）有自己的爱好。

（15）学习健康的生活方式，让自己的生活方式发生一些改变，同样的生活方式会让生活枯燥。

（16）要让自己有爱心，要善于帮助人，让自己保持平和的心境。

女人有了良好的修养，就有了优雅的气质。优雅是一种时尚，一个优雅的人会受到更多人的欢迎和喜爱。奥黛丽·赫本就是优雅的代表，只要有她出现的地方，人们的眼光就围绕着她转，这就是优雅气场的力量。

对一个人来说，优雅的气质主要体现在四个方面：良好的形象，包括一个人的容貌、穿着和态度；吸引力，吸引力不仅来自外在，还来自内在的涵养；好的心态，好的心态可以让你在爱情和事业上有好的丰收，也为自己增加人格魅力；修养，良好的修养是优雅的重点。

人们总是喜欢和那些有修养、看起来优雅的女人接近，这样的女人会让她们感到舒服和惬意。女人的内在修养如果反映到容貌上，会让一个女人更优雅有魅力。

丰富的内在让你有女王风范

什么是女王风范？人们通常认为女王风范就是说一个人通过自己的穿衣打扮和内在显示出来的一种强大气场，其实女王的气场不仅仅体现在外在上，还体现在内在，内在是她主要的气场来源。有女王风范的人会让人不自主地产生一种敬佩之情，会让人想去接近。

现在是 21 世纪，女人不再是像公主那样等待自己的王子到来，而是用自己的女王风范吸引更多的人。有女王风范的女人就算没有倾国倾城的美貌，只是一个平凡的姑娘，也会让人感觉到她的气场。女人的内在如果足够强大，那么她的外在也会受到人们的追捧。

意大利著名女影星索菲亚·罗兰被誉为"最美丽的女性"之一，她在 16 岁的时候为了自己的演员梦来到罗马。在罗马很多人都说她："臀部太宽，嘴太大，鼻子太长，个子太高，下巴小，根本不像一个意大利的演员，更不像一个电影演员。"但是制片商卡洛看中了她，就带她参加了很多次试镜，但是摄影师们都抱怨无法将她拍得美丽动人。这时卡洛就劝她去整容，把鼻子和臀部整一下。索菲亚是一个有主见的人，她拒绝了卡洛的请求。她说："鼻子是脸庞的中心，它是脸庞的性格，我喜欢我的鼻子和脸保持原来的样子。至于我的臀部，我也不讨厌它，我只想保持自己。我为什么非得跟别人一样呢？"她觉得她可以用自己的内在和能力赢得别人的欢迎。她没有因为别人的那些闲言碎语而停下自己的脚步，而是用自己的女王风范征服了那些反对者，这时她的那些缺点在那些人眼里就全部消失了，她有了展现自己的机会，从而得到了更多人的欢迎。最后她成功了，那些不完美反而成了完美，她成了美女的标准。

索菲亚·罗兰毫无疑问是气场女王，她用自己强大的内在征服了观众，让自己的外在流行起来，也完成了自己的梦想。索菲亚·罗兰在自己的自传《爱情和生活》中写道："自从我从影开始，我就知道自己适合什么样的妆容和什么样的穿着。我不要求自己像任何人，我也不想努力地跟着时尚走。我只要求做好自己，非我莫属……"因此，女人要想有女王风范，首先要清楚自己适合什么，然后再说自己的个性，最后做好自己就可以了。

丰富的内在美不仅可以让你有能力去做自己，还会让你成为美的象征。但是这并不代表一个人可以只注重内在美，不注重外在美。一个人的外在也体现出一个人的修养，良好的外在也是对别人的一种尊重。如果通过良好的外在让自己的内在美表现出来，那就会为自己的美丽加分不少。

因此，不管外在还是内在都可以让自己看起来有气场，如果你坚持自己的个性，那么你就要努力让自己变得有能力，自己的能力得到了认可之后，或者你的不完美就成了完美。其实在生活中，不管一个人是内在美还是外在美，只要找到了自己的位置，不矫情做作，在自己的位置做最好的自己，就会让你有女王的风范。

你的品位决定你的气场

作家黄明坚曾说过："女人是一种指标，如果女人都散发出品位，社会自然成为泱泱大国。"一个女人的品位，可以决定其气场的强弱，气场层次的高低。如果社会上的女人都能拥有强大而高级的气场，那这个社会必然是十分美好的。

美貌只是一时的风光，品位才会让一个女人长久地大放光彩。有品位的女人才会受到更多人的欢迎，气场也会更强大。

在这个物欲横流的社会，很多女人也变得虚荣起来，很多人都穿着时髦，看起来年轻漂亮，但是她们想追求更年轻、更漂亮。在追求这些的时候，她们渐渐失去了品位，也失去了自我，她们为了别人的看法改变自己，也就失去了魅力，没有什么气场可言了。

女人打扮自己，是为了让自己更加有自信。这是一个现实的社会，女人不会停止对物质的追求，为了引人注目，有的女人把自己打扮得很招摇，害怕别人不注意自己似的。如果这些女人缺少物质的装扮，她们就会觉得自己平庸，也就丧失了自信。所以很多女人都活在别人的眼光下，她们的品位也在不知不觉中被物质代替了。有品位的女人是不会被物质牵累的，她们会在得失之间寻找平衡感，她们让自己的生活充实，不花时间在那些无谓的事情上，这才是一种健康的生活。

其实品位就是一种自然生活的表露，有品位的女人不一定有很多钱，但是一定有很多快乐，她们会招人喜欢，气场也不会弱。高品位的女人一般有以下特点：

1. 待人平等

高品位的女人一般都能平等地对待任何人，她们与人相处的过程中保持着微笑，言谈举止之间让人感到得体，她们总是能认真倾听别人，倾听的同时也能站在他人的角度看待问题。

2. 包装自己

高品位的女人在穿衣打扮上不会太过张扬，也不会为了赶时髦而花掉自己一个月的工资，她们会在适合的场合穿一些得体的衣服，她们明白自己的特征，她们不会让人感到俗不可耐，会给人一种端庄、大气的感觉。

3. 喜欢自己的工作

高品位的女人都喜欢自己的工作，她们会在工作中寻找快乐，在工作中能独立完成任务，不依赖他人，对领导也不谄媚，对下属也不摆高姿态，她们往往是同事最信任的人。

4. 乐观的心态

高品位的女人都有积极乐观的心态，对待生活从不怨天尤人，也不会庸人自扰。她们善良，有一颗能包容一切的心；她们的思想和人格独立，对任何事情都有自己的看法。

5. 成熟、有智慧

高品位的女人懂得只有通过学习才能丰富自己的头脑，让自己的人格和内涵得到提升，她们懂得只有有了内在，才会散发出真正的光芒。

6. 能扮演好自己的角色

高品位的女人都能扮演好自己的角色，家庭中是贤妻良母，她们不会为了家庭中的琐事烦恼，也不会放纵自己，从不会让自己看起来没有修养。

品位的高低取决于一个女人对生活中新事物的发现。高品位的女人都是不虚荣的，她们的内在美往往会让身边的人另眼相看。

高品位的女人都有思想，思想来源于书籍。多读书可以让你提升自己的内涵，让你拥有与众不同的气质。读书多的女人，与人相处时会让人觉得遇到了知音，可以给自己带来好的人际关系。因此，每天花一点时间读书，会对自己的生活有很大帮助。

装扮能体现出一个女人的内涵、品位等。因此，无论在家还是在公司，都要注重自己的装扮，不放过任何一个细节。香奈儿品牌创始人可可·香奈儿曾说过："女人在出门的时候要打扮得体，因为可能在转角的时候，遇到你的至爱。"

生活如茶，喝茶的时候，每个人的感觉不同。女人如茶，一壶好茶可以让人的内心宁静下来，正如一个有品位的女人能给人温暖。因此，女人要学会品茶。

艺术是点亮女人灵性的法宝。在生活中压力那么多，静下心来让自己好好品一场音乐会或者一部电影，它们能给你的生活带来很多乐趣。艺术可以让你置身于轻松的氛围之中，你也会在艺术的熏陶下变得有气质。

除非你是林黛玉，否则病恹恹的样子不会招人喜欢。女人有了健康的身体才可以让自己容光焕发，这样才有更好的精神解决生活中的困难，才能保持乐观。所以，要想让自己有气场、有品位，那就让自己健康起来。

插花是一种高雅的艺术，是古老的时尚。现代的女人更愿意将花带回家，亲手布置一下，这不仅调剂了生活，还让自己的情操得到了陶冶。静静地坐在桌子旁边修剪那些花草，让自己在花香中女人味十足，这样的女人品位肯定不会差。

一年至少让自己有一次远距离的旅行，远离生活中的嘈杂，寻求内心的安宁，在旅行中女人放下身上的担子，会感觉轻松惬意，去见识自己没有见过的事，会让自己的品位有提高。旅行中的女人也是美丽的。

　　在生活中我们要追求更高的品位，让自己成为高品位的女人，高品位的女人气场才会强大。因此，你的品位决定着你的气场。

让你的兴趣成为你骄傲的谈资

　　我国学者梁启超说过："趣味是活动的源泉，趣味干竭，活动便跟着停止，好像机器房里没有原料，发不出蒸汽，任凭你多大的机器，总要停摆……人类若到把趣味完全丧失掉的时候，老实说，便是生活得不耐烦，那人虽然勉强留在世间，也不过是行尸走肉。"兴趣可以为一个人指明前进的方向，也可以是一个人前进的动力。其实兴趣除了有这些功能外，还可以是一个人很好的谈资。

　　在生活中我们经常看到这样的情况，也或许我们自身就有这样的情况。一个平时闷不吭声的人，坐在人群里，显得气场相当弱小。但是一旦谈到了他们的兴趣所在，就开始变得滔滔不绝，就像一个健谈的学者一样，想要把自己所知道的全部倾吐出来，同时带着一丝骄傲的感情在里面。此时他们的气场，变得强大而又自信，能够吸引人、折服人。

每个人都有自己的兴趣，当我们谈论自己不感兴趣或者不擅长的事情的时候，自然没什么话可说，或者需要相当高的说话技巧，此时我们心里没有底，气场自然会减弱不少。而如果谈到自己的兴趣所在，我们内心中自然有充足的谈资和说话的激情，就像站在属于自己的舞台上，光是那种气场就可以折服观众。所以，在我们需要展示自己气场的时候，我们应该把自己的兴趣所在毫不吝啬地拿出来大谈一番。

阮梅大学毕业后，在北京找了份工作。她在北京没有亲人，也没什么朋友，自己租住在一个小单间里，平时很少和人交往。在业余时间，她最大的爱好就是读书，尤其喜欢读历史书，对于历史，她有浓厚的兴趣。一直以来，阮梅都过着这种简单的宅女生活。

她的一个同事知道她这么宅之后，就劝她多出去走走，多交交朋友，多些交际，如果宅太久的话，一个人的社交能力会严重下降。阮梅听从了同事的建议，开始注意结交朋友，但是她又缺少认识人的渠道，只好到网上去找。有一次，阮梅加了一个交友群，群里经常组织聚会。阮梅很想参加，但是又有些惧怕，经过再三的犹豫后，终于决定参加一次聚会看看。

聚会来了不少俊男靓女，这些人开朗健谈，一看就是经常参加聚会的人。阮梅在这些人中间，像个土里土气的小女孩，只好无精打采地看着别人谈天说地。别人谈兴正浓，很少有人注意到阮梅的存在，只是偶尔有人出于礼貌跟她搭句话。阮梅心中暗想：看来自己是真的不适合参加聚会。这时，他们谈论到了赵氏孤儿的历史典故，但是竟然没人记得那个奸臣是谁了。就在大家争论不休的时候，阮梅鼓起勇气说道："是屠岸贾。"大家都回过头看阮梅，阮梅赶紧低下了头。这时有人说道："你整晚都没说话，既然你知道，不如你给我们讲讲这个故事吧。"阮梅一开始有些不好意思，但是经不住大家的撺掇，只好在众人的注视下讲起故事来。刚开始的时候，讲得还有些结结巴巴，但是慢慢地，她讲得越来越流利。讲到精彩处，双手还舞动起来，简直神采飞扬。讲完之后，众人都惊呆了，没想到这个不起眼的女孩讲起故事来，竟像在舞台上表演的明星一样，有如此强的感染力。阮梅自己也没想到，自己对历史的爱好，竟然在这时起了作用。

面对工作和生活中的压力，人有时候感觉很压抑，那何不为自己压抑的情绪找一个出口？兴趣不仅可以给你带来快乐和幸福，还会让你有机会舒缓紧张的神经，并重新燃起你对生活的信心。

兴趣不在于难度和专业，只要你喜欢它就可以了。当你做完一件事情的时候，你会感到满足和愉快，那就是你的兴趣了，如果找到了自己的兴趣，就发展下去吧，或许有一天你能在自己的兴趣上有所建树。

在生活中，女人要有自己的兴趣，不仅可以让自己有自信，还可以给自己带来快乐，在人际相处的过程中，也许在别人骄傲地说起自己兴趣的时候，你也可以用自己的兴趣来骄傲一下。

旅行丰富心灵，让你心境开阔

作家小鹏在《背包十年》里说："人生不只房子、车子，应该还有另外一种可能。自由与梦想，虽然看似遥不可及，但只要坚持，就不是空中楼阁。你未必要成为职业旅行者，但只要还有梦想，肯为此坚持努力，就一定会在自己的天空中看到彩虹。"旅行是一种梦想，在青春的岁月里，我们总有一种叛逆的心理，总是在想一个背包，一个人，有一场说走就走的旅行。但是生活中大多数人都没有这个勇气，其实每个人都应该有一场叛逆的旅行，因为那是为自己的灵魂寻找出口。

旅行是开阔自己的眼界、丰富自己的心灵的重要途径。在旅途中，你会发现不一样的世界，不一样的自己。而随着感悟的加深和心境的开阔，你会拥有与以往不同的更宽广的气场。

大冰是山东卫视首席主持人，山东大学的研究生导师。他喜欢民谣音乐和背包旅行，十几年一直是卖唱走天涯，在西藏混迹了好几年，也在丽江开过酒吧，在他30岁的时候皈依佛门，33岁的时候回望自己走来的一路，感到自己有话要说，就当起了作家。

大冰在书中写了一个不带手机的女孩，她是大冰在蜗牛的酒吧认识的，蜗牛是大冰的一个好友，他初次见到那个女孩的时候，那个女孩像其他混迹在拉萨的人一样穿着登山鞋，显得很神气。当时他们还不熟，就没怎么说话。在第二次见到那个姑娘的时候，大冰看到她在给一个英文作家当翻译，于是便上前去要她的手机号码，但是女孩说没有手机，大冰就叮嘱了她几句注意安全，便离开了。第三次见到她，是在大冰他自己的酒吧，那个女孩听着歌喝酒，不知怎么的听歌听哭了，大冰见到她哭了就想带她去散散心、吃点东西。大冰问她："想去哪里？"她说："去个比拉萨更远的地方。"大冰以为她在开玩笑，就拿起地图给她看，指着喜马拉雅山的珠穆朗玛峰说："去这儿怎么样？"没想到女孩说："走。"大冰当时以为她在开玩笑，就跟着她走了。没想到一小时之后，他们真的横穿出了拉萨，大冰也没有办法，只好跟着她走。在这一路上大冰问女孩名字，她不说，女孩也没有解释自己不带手机的原因。他们看到了羊卓雍措的美景，一路上拦陌生人的车，感受到了日喀则的风土人情，他们没有钱就去卖艺，用自己的能力走完了自己的旅程，他们受到了别人的帮助也帮助了别人。最后两个人一起到了珠穆朗玛峰山下，心中的喜悦是无法言谈的。最后那个女孩离开也没有说出自己的故事和名字。

　　旅行就是如此，认识不一样的人，看到不一样的事情，尊重他人，也会受到他人的尊重，这不仅开阔了自己的眼界，还丰富了自己的内心。旅行说走就走，不用在意那么多的事情。

这样才会发现生活有太多美好的事情，生活中没有钱还是可以活下去的。年轻的时候都会渴望新鲜的事物，就像饥饿的人渴望食物一样，等到年老的时候，把这些事情回忆一下，脸上都会挂着微笑。旅行是人的一种天性，是对美好生活的向往和追求。

旅行和旅游不同。旅游指在玩，一般是指团体出行，时间短暂。旅行是指观察身边的景色和事物，读万卷书行万里路，相对来说指个人。

有些人把旅行当作一个信仰，觉得旅行是一件很神圣的事情，比如，把去丽江当成一个目标。丽江是一个美丽的地方，但是旅行的意义是什么？旅行不仅仅是为了欣赏沿途的风景，它也是一个寻找的过程。旅行会让你有一种自由自在的感觉，好像自己的灵魂在飞舞。当你在想去看看世界的时候会不会有很多顾虑？真正爱旅行的人不只是有一颗说走就走的心，还会有行动。

总是有人说年轻时候的梦想是环游世界，因为没有钱而不敢行动；中年的时候有了钱却没有了时间；在有钱又有时间的时候发现自己老得走不动了。张爱玲说：出名要趁早。其实旅行也要趁早。旅行是一种享受。我们总是在生活中寻找自己的角色，但总是在寻找自我的过程中迷失自我。慢慢地我们关注的只有金钱。

旅行是心灵的一种释放。我们远离自己熟悉的地方到他人熟悉的地方去，不管这个地方给你好还是坏的感觉，但是有一点永远不变，那就是你对一个新的地方向往的心。旅行也可以让你感受到另一个地方生活的节奏和表象。旅行的意义，除了改变你的世界观，还会为你的生活打开另一扇窗。生活在嘈杂人群中的我们，即使知道旅行一次可能会比上班的时候还要累，但是我们无法抑制自己被生活压抑想反叛的心，一次旅行就是一次反叛的开始。旅行的意义，也是经历过大风大雨后的沧桑心态。这种沧桑，便铸就了你气场的强度。

人生不过短短数十载，在这个过程中也许有些东西已经快要得到，但是马上又变得遥不可及。旅行，就是抓住生活中那些东西，让自己在以后的岁月里有美好的回忆。

很多人都有一种梦想，渴望那种纯粹的不被任何事情牵绊的旅行。但是大多数人只当它是梦想，觉得生活中压力太多，不可能有那种旅行。那些能说走就走的人的勇气是令人佩服的。在这个物欲横流的世界，竞争压力很大，能给自己一个机会逃出去，停下来看看自己的内心世界，这也是旅行的意义。

人生的过程就是一个选择的过程，循规蹈矩不是不好，但是有时候会让自己很迷茫。不如让自己停下来，走出去，去寻找一个好心情。旅行的意义并不只是一个目的地，而在于在旅途中收获美好的心情。

当有一天你累了，觉得自己心灵空虚了、迷茫了，那就拿起相机，背起背包去旅行吧，去寻找自己想要的东西，打开自己的心灵，把世界都装进心中，这样你的气场便有了更强大的包容。

第五章

拼着一切代价，
奔你的前程

zuoyige
youcaiqing
denüzi

事业是女人人生中最华丽的背景

以前人们常用"小鸟依人"来描摹一个女性含羞带怯、温柔可人的形象，这样的女人依附在男人身旁，将男人视作自己最大的靠山。但这样缺乏独立性的姿态并没有将女性的深层魅力体现出来，而这种依赖于人的生活态度也会让女性感觉到不安定，甚至可能一生悲苦。

日本著名电影《被嫌弃的松子的一生》中的女主角松子，就是这样一个把自己的希望寄托在别人身上的人。松子是学校教师，天性善良的她为自己的学生顶替偷窃的罪名而被学校开除。因为总觉得父亲偏爱妹妹，她离家出走。之后松子与一个有暴力倾向的作家同居，受尽折磨却始终不愿意离开他。作家自杀后，松子与有妇之夫冈野发生不伦之恋，她又把希望寄托在情人身上，结果对方妻子发现后，情人立即和她翻脸了。

此后松子又经历了好几次恋爱，每一次她都对男人付出自己的真心，希望和对方白头偕老，结果却屡遭抛弃，甚至还给她带来了牢狱之灾。到了50岁，松子依然是孑然一身，过着单身的隐居生活。她在牢中认识的朋友希望给她一份工作，但她慌乱地拒绝了，因为她对自己毫无信心。而当她意识到自己还没有忘记曾经的理发手艺时，她的人生似乎出现了转机。可是命运却不给她机会，她在寻找朋友的过程中遭到一群地痞的殴打，死在了枯竭的河川旁。

松子是一个渴望得到爱的女人，她追寻爱的勇气和决心让人感动，但是她总是把自己的人生完全寄托在寻找到一个可以依靠的男人身上，这样就太可悲了。她曾经也当过理发师，手艺不错，完全可以凭借它拥有属于自己的平静、幸福的生活，可惜却为了男朋友执拗地放弃了。我们痛惜松子的一生，并且希望这样的经历不要在其他的女性身上重演。

在"她世纪"里，女性就要独立。精神上的独立是一方面，物质上的独立也不能忽视。女人，从现在开始，你就应该树立这样的思想：不把男人当作经济支柱，而把事业作为自己最华丽的背景。这样的女性才最能展现出"她世纪"女性的风采。

海伦·凯普兰是另一个工作中的美丽女人。她小巧玲珑，利落明快，像是可以应付任何事的女人——事实也是如此。她出生于维也纳，在塞拉库斯大学读艺术专业。和很多女孩一样，她接受了母亲的老观念："女人一定要嫁个金龟婿。"她21岁结婚，后来离婚。她说："我母亲——她代表有同样想法的亿万人——认为我嫁给一位成功的男人，情况将会好得多，我自己事业成功则不然。在母亲的眼中，如果我嫁给一个金龟婿，才算幸福，这才是成功。我从小接受的教育是嫁一个成功的男人——而非自己追求成功。我是位心理学家，但直到最近我才明白自己轻率地接受了很多母亲的价值观。"

后来，她开始拥有自己的事业，成为一名心理学家。她说："年轻时，我想做一位心理医生，但我觉得自己不够聪明，没资格进医学院。大学时我与心理学家约会，嫁给其中一位。之后我才发现：我要做一位心理医生，而不是嫁给心理学家。"她的工作涉及很多女性羞于提及的"性"，她甚至成为性爱治疗上的先驱工作者，她的著作《新的性爱疗法》让大众重新了解了"性"，专家也对她推崇备至。她说："我在专业上有所成就，工作愉快，追求做一名演说家，有好朋友、乖孩子和一幢舒适的公寓，和世界上任何人都相处融洽。"

大多数成功的女性热爱她们的家庭，但是她们也醉心于工作。她们认为工作开拓了她们的视野，给予了她们成就感，挖掘出了她们的潜力，赋予了她们身份，使她们得以完善自身。一位作家用略带夸张的语调说道："如果她们停止工作，她们明白，大多数人就什么也不是了，就像空气中的洞一样，如此而已。"这些充满信念的女人甚至把她们的职业看成是她们的救星。

工作不仅让女人自己拥有了经济独立，而且可以从根本上脱离男人的控制。工作也能赋予女人非同寻常的魅力。工作，让女人走出了狭小的家庭生活空间，让女人的视界开阔，心也随之澄明起来；工作，让女人发现了更能凸显自己个性价值的方式；工作，也最能让女人找到自己的尊严。面对一个自尊、自爱、自立、自强的女人，相信每一个人都会由衷赞叹她的美丽。

"我必须是你近旁的一株木棉，作为树的形象和你站在一起"，女人应该知道，当一个女人以一棵树而不是一株藤的形象站立在男人身边的时候，就连男人也不由得为她折服。

责任心有多强，舞台就有多大

职场上没有永远的红人。一名优秀的员工，不仅会像自己的老板那样敬业工作、尽职尽责，以老板的心态对待自己的工作，还能沉得住气，比别人做得更多、更彻底。他们经常会留神一些额外的责任，关注一些本职工作以外的事情，他们的行为总是超越老板的期望，他们始终是老板眼中最优秀的员工。

女人要想取得成功，必须做得更多、更好，成功的人永远比一般人做得更好、更彻底。

女人们身在职场，应牢记一句俗语："对未来的真正慷慨在于向现在献出一切。"如果你能成功地选择工作态度，那么幸福就会找到你。

"马无夜草不肥，人无勤劳不富"，所以在工作中，你只有比别人做得更多、更彻底，才能够在职场的"秋天"收获丰硕的果实。

大学毕业生张吉和杜明同时被招聘到某物流公司。张吉按部就班，认认真真地完成经理交办的每项工作，没出什么差错，他自己也比较满意。杜明却没有自我满足，在工作中，他不断地学习运输行业的有关知识，很快提高了自己解决问题的能力。在对客户的分析中，他发现华北地区的货物运输常有滞期现象，经分析发现多是由于修路造成的。于是，他通过电脑交通网络，对北京周边地区各交通干线的路况进行了一系列的调查摸底，每天列出一份动态的路况交通图送给经理参阅。就是这份动态的路况图，对公司的货物运输起了重要的疏导作用，不但缩短了有效运输时间，而且减少了因堵车、绕行而产生的运输费用，受到公司领导的重视和奖励。当然，3个月后，公司继续聘用的是善于不断进步、能力不断提高的杜明。

老板永远不会欣赏那些"按钮式"员工，他们需要有职场野心、能够主动晋升的员工。要想取得成功，还需要奋力拼搏，必须比别人做得更多、更好，从而赢得更大的提升空间。

李勇生活在一个工薪阶层的家庭中，因为兄弟姐妹比较多，他高中毕业后不得不放弃上大学的机会，到一家百货公司去打工。但是，他不甘心就这样工作下去，每天都在工作中不断学习，想办法充实自己，努力改变自己的境况。

经过几个星期的仔细观察后，他注意到主管每次都要认真检查那些进口商品的账单，而且账单用的都是法文和德文。他便开始在每天上班的过程中仔细研究那些账单，并努力学习与这些商务有关的法文和德文。

有一天，他看到主管十分疲惫和厌倦，就主动要求帮助主管检查。由于他干得很出色，以后的账单自然就由他接手了。

　　过了两个月，他被叫到一间办公室里接受一个部门经理的面试。部门经理的年纪比较大，他说："我在这个行业里干了40年，根据我的观察，你是唯一一个每天都在要求自己不断进步，不断在工作中改变自己以适应工作要求的人。从这个公司成立开始，我一直从事外贸这项工作，也一直想物色一个助手。这项工作所涉及的面太广，工作比较繁杂，需要的知识很庞杂，对工作适应能力的要求也特别高。现在，我们选择了你，认为你是一个十分合适的人选，我们相信公司的选择没有错。"

　　尽管李勇对这项业务一窍不通，但是，凭着对工作不断钻研、学习的精神，他的能力不断地提高。半年后，他已经完全能胜任这项工作了。一年后，他接替了那位经理的工作，成了这个部门的经理。

　　西谚有云，"工作中的傻子永远比睡在床上的聪明人强"，成功的机会总是属于那些沉得住气、主动提升自我的人。当你能提供更多更有价值的服务的时候，成功也会伴随而来。任何一个老板都在寻找这样能够不断升值的员工，只有这样的员工才能为企业发展提供源源不竭的动力。

　　比别人做得更多、更彻底，体现了一种居安思危的发展眼光，它可以让人摆脱安逸生活的羁绊，正如鲁迅先生所说的，"不满是向上的车轮"。女人沉住气，永不满足，才能够永远进取。

你的专注，让整个世界如临大敌

现实生活中，很多女人不缺乏才气及毅力，而是缺乏持之以恒"专注一个目标"的能力，结果，往往无所建树，最终与成功擦肩而过，少看了许多人生的风景，留下了遗憾。如果你能在各种各样的事情上，多一分专注，多一分坚持，"专注去做事，专注于本职工作"，也许有一天，你也会成为一个一鸣惊人的女人！

人生之路始于念，事业有成在乎心。一心一意专心去做事的女人才能获得成功，专注催化成功，专注收获财富。女人专注地对待一份感情，感情肯定甜蜜；女人专注地对待一个家庭，家庭肯定幸福；女人专注地对待一项工作，工作肯定快乐……

专注的力量是巨大的，专注于小事，可以干成大事；专注于大事，可以成就伟业。劳斯莱斯的成功主要依赖于专注的力量。

劳斯莱斯是世界顶级豪华轿车厂商，1906年成立于英国，劳斯莱斯的轿车是顶级汽车的杰出代表，它以一个"贵族化"的汽车公司享誉全球，同时也是目前世界三大航空发动机生产商之一。2003年劳斯莱斯汽车公司归入宝马集团。

劳斯莱斯的成功得益于它一直秉承了英国传统的造车艺术：精练、恒久、巨细无遗。更令人难以置信的是，自1904年到现在，超过60%的劳斯莱斯汽车仍然性能良好。劳斯莱斯超高的工艺水准和无与伦比的对于品质的追求使其在漫长的历史中不断塑造人类造车的经典，劳斯莱斯奉行的理念是"把最好做到更好，如果没有，我们来创造"。

无论劳斯莱斯的款式如何老旧，造价多么高昂，至今仍然没有挑战者。劳斯莱斯高贵的品质来自它高超的质量。它的创始人亨利·莱斯就曾说过："车的价格会被人忘记，而车的质量却长久存在。"

有钱不一定能成为劳斯莱斯的车主，这个制造汽车的企业奢华到了可以选择顾客的程度。知名的文艺界、科学技术界人士，知名企业家可以拥有白色，政府部长及以上高官、全球知名企业家及社会知名人士可以驾驶银色，而黑色的劳斯莱斯只为国王、女王、政府首脑、总理及内阁成员量身打造。

劳斯莱斯最与众不同之处，就在于它专注于每一个工艺，哪怕是每一处细节。直到今天，劳斯莱斯的发动机还完全是用手工制造。据统计，制作一个方向盘要 15 小时，装配一辆车身需要 31 小时，安装一台发动机要 6 天。正因为如此，它在装配线上每分钟只能移动 6 英寸。制作一辆四门车要两个半月，每一辆车都要经过 5000 英里的测试，所以一般订购劳斯莱斯的客户都需要耐心地等候半年以上。

每辆劳斯莱斯车头上的那个吉祥物：带翅膀的欢乐女神，它的产生与制造的过程，更是劳斯莱斯追求完美的一个绝好的例证。这尊女神像的制作过程也极为复杂。它采用传统的蜡模工艺，完全用手工倒模压制成型，然后再经过至少8遍的手工打磨，再将打磨好的神像置于一个装有混合打磨物质的机器里研磨65分钟。做好的女神像还要经过严格的检验。

柔软的小草，却能顶动沉重的顽石。这，便是专注的力量。专注让每辆劳斯莱斯汽车成为一件艺术品。鲁迅说过："如果一个人，能用十年的时间专注于一件事，那么他一定能够成为这方面的专家。"成就大事的人不会把精力同时集中在几件事情上，而只是关注其中之一。手里做着一件事，心里又想着另一件事，这样每件事情都做不好。

黑格尔说："那些什么事情都想做的人，其实什么也不能做。一个人在特定的环境内，如果欲有所成，必须专注于一件事，而不分散他的精力在多方面。"是啊，女人的精力是很有限的，要取得事半功倍的成就，必须集中精力，一次只做一件事。

一位成功的企业家在告别商场之际，应一些年轻人的要求，公开讲一下自己一生取得多项成就的经验。

那一天，现场真是座无虚席。奇怪的是企业家并不说话，观众们却看到舞台上吊了一个大铁球。企业家用手示意两位工作人员抬上来一个大铁锤，然后他示意两位身强力壮的年轻人用这个大铁锤去敲打那个吊着的铁球，并把它荡起来。

只见，一个年轻人抢着抡起大锤，全力向那吊着的铁球砸去，可是那铁球却一动也没动。另一个人接过大铁锤把铁球打得叮当响，可是铁球仍旧一动不动。

台下的观众们都以为那个铁球肯定动不了，这时，企业家从上衣口袋里掏出一个小锤，对着铁球敲了一下，然后停顿一下再敲一下。人们奇怪地看着，企业家敲一下，然后停顿一下再敲一下，就这样持续地做。

　　10分钟过去了，台下的观众开始坐不住了。企业家依然不发话，只是敲一下停一下。20分钟过去了，会场开始骚动，有人甚至离开了。企业家仍然不理不睬，继续敲着。

　　大约一小时的时间过去了，台下的观众走得只剩下几个人了。突然，坐在前面的一个妇女突然尖叫一声："球动了！"其余的几个人聚精会神地看着那个铁球。那球以很小的摆度动了起来，不仔细看很难察觉。慢慢地，只见那个铁球在老人一锤一锤的敲打中越荡越高，场下的几名观众鼓起掌来。

　　在掌声中，老人转过身来，慢慢地把那把小锤揣进兜里。然后说："这就是成功的秘诀，想要有所成就，就必须有专注的精神和坚持的毅力。你们几位做到了。"

　　生活中，人们通常无法专注地做一件事，就像没有耐心等待企业家把铁球敲到荡起来那样，所以，我们依然在过着碌碌无为的生活。我们要做成一件事，首先需要专注，即一次只做一件事情，千万不可左顾右盼，干扰心思。

　　"一次只做一件事"，这可以使我们静下心来，心无旁骛，一心一意，就会把那件事做完做好。倘若我们见异思迁，心浮气躁，什么都想抓，最终就像猴子掰玉米，掰一个，丢一个，到头来两手空空，一无所获。

工作中，你很专注地干过一件事情吗？全身心地投入24小时不想别的，心里就一件事情那种感觉，有亲身体会的人才知道。专注的力量很大，它能把一个人的潜力发挥到极致，一旦达到那种状态就没有了自我的概念，所有的精力集中到了一点。

现实中，女人只有做到"一心不乱"，才能做事全心全意，一心投入，才不会为无关的事所干扰。这样一来，我们就能全力集中于自己的目标，那么，也就能真正地做到"一心不乱"，并终成正果。

没有人可以限制你，除了你自己

女人从毕业到进入社会，这个时期具有关键意义，你要懂得过去并不代表未来，无论你在学校时成绩多么差、曾经失败过多少次，或受过多少挫折，这些都不重要，重要的是，你要对未来充满希望。无论你过去怎样，只要你调整心态，明确自己的目标，乐观积极地行动起来，就能够扭转劣势，变劣势为优势，更好地生活。

有一位孩子，小学六年级毕业考试时得了第一名，老师奖给他一本世界地图。他很高兴，跑回家就开始专心致志地看世界地图。凑巧，那天轮到他为家人烧洗澡水。他就一边烧水，一边在灶边看地图。他看到埃及地图，想到埃及有金字塔、有埃及艳后、有尼罗河、有法老、有很多神秘的东西，心想长大以后如果有机会一定要去埃及。

看得入神的时候，突然有一个大人从浴室里冲了出来，用很大的声音对他说："你在干什么？"他抬头一看，原来是爸爸。他说："我在看地图！"脾气暴躁的爸爸跑过来给了他两个耳光，然后说："赶快生火！看什么埃及地图！"见孩子没有动，爸爸又踢了他屁股一脚，把他踢到了火炉旁边，严肃地说："我保证！你这辈子绝不可能到那么遥远的地方去！赶快生火！"

他当时看着爸爸，呆住了，心想："爸爸怎么给我这么奇怪的保证，真的吗？我这一生真的不可能去埃及吗？"20年后，那位老父亲收到一张来自埃及的明信片，上面写着："亲爱的爸爸，我现在在埃及的金字塔前给您写信。记得小时候，你打我两个耳光、踢我一脚，保证我不能到这么远的地方来。但是我现在做到了……"

任何人的人生都不需要保证，哪怕是自己最信赖的人。只要你不画地为牢，就永远有欣赏不完的风景。当今世界是一个多元化的、开放的世界，它接纳每一个想要获得成功的人。但是总有一些年轻人与这个时代格格不入，他们把自己封闭在过去的经历中，暗自伤神，殊不知，在这样的过程中，自己已经把成功的机会拱手让人了。

心理高度决定一个人的事业高度。一个女人若想突破现有生活的"瓶颈"，有所作为，首先就要突破心理的"瓶颈"，不能因为过去的一些失败或是眼前职位的无关紧要而降低自己的标准，为自己的生涯过早地盖上一个"盖子"。现实中，总有一些有实力的年轻人在职业发展过程中，特别是求职时，由于受到"心理高度"的限制，常常对一些适合自己的职业发展机会（如合适的用人单位、升职机会、发展机会等）望而却步，结果痛失良机，甚至导致经常性的职场挫败。

　　放开自己，才能在人生的大舞台上跳出优美的华尔兹。所以，女人应当及时摆脱自身"心理高度"的限制，打开制约成功的"盖子"，唯此，你的职业发展空间和成功率才会增加。女人一定要相信：没有人可以限制你，除了你自己。

每一种光鲜的背后，都有一个咬紧牙关的灵魂

　　有些人之所以会成为气场女王，是因为她懂得严于律己。这个道理很简单，每个人都懂，但是能做到的人没有几个。很多女人都是因为对自己心太软，在放纵之中度过了自己的青春岁月，最后成为一个普通的女人。

　　很多时候我们一事无成，就是因为不能严格要求自己。如果

我们能对自己狠一点，这样就会对自己的处境有个清楚的认识，也能清楚地认识自己的优点和缺点，对自己的以后发展也就有了正确的判断。如果我们能对自己狠一点，让自己拒绝诱惑，放弃那些不劳而获的利益，那么我们就会有积极、正面的思想，也为自己积累了能量，气场便可一点点强大起来。对自己狠一点，就意味着要放弃那些蝇头小利，放弃安逸，我们收获的就是自己良好的发展和长远的利益。

有一位名牌大学的毕业生，她在学校的时候考取了公务员，毕业之后就被分配到政府机关上班，工作很是轻松。可是时间不长，她就感到空虚和不安起来。她想自己这样在政府机关喝茶看报，很是轻松，但是这里的工作和我所学的专业毫无关系，怎么说我也是经济学专业的高才生啊，在这里毫无用武之地。这时她就想辞职去看看外面的世界，但是又觉得自己的工作是所有人羡慕的，外面的世界很精彩，但是风险很大。有一天，爸爸看到她愁眉苦脸的就问："你怎么了？这几天闷闷不乐的。"她把自己的想法告诉了爸爸，爸爸就给她讲了一个故事：

有一天一位父亲上山的时候，看到一只长相很奇怪的鸟，那只鸟的大小跟刚出生的小鸡一样，由于山里的孩子都很缺少玩具，父亲们都经常拿一些山里的东西给自己家孩子玩，这位父亲就把小鸟带给自己的女儿玩，小孩子不论对于什么事物都是三分钟热度，没过多久，女儿玩腻了，就把怪鸟放在了鸡群里，当小鸡喂养着。时间长了，这只小鸟长大了，人们惊奇地发现这是一只鹰，他们都很担心这只鹰长大了会吃鸡，但是，鹰始终和那些鸡和谐地相处着。只有鹰飞起来的时候，那些鸡才会感到恐慌。就算这样，人们对于这只鹰还是不放心，山里如果谁家丢了鸡，就来找这只鹰，鹰终究是鹰，生下来就是要吃鸡的。于是山民们一致要求要么把鹰杀了，要么让它走，永远不要回来。这一家人对鹰产生了特殊的感情，就决定将鹰放生。他们就把鹰带到很远的地方去放生了，但是，没过几天，这只鹰又回来了。人们不让它进门，把它打得遍体鳞伤，它还是不走。最后一位老人说："把它交给我吧，我能让它永远不会回来。"这位老人带着鹰，去了悬崖，他把鹰从悬崖扔下去，鹰开始的时候像石头一样向下坠去，但是快要到达山底的时候，它展翅高飞，飞向了蓝天，越飞越远，消失在了老人的视线里。从此鹰再也没有回来过。

听了这个故事，女儿好像明白了什么。几天后，她高兴地告诉爸爸，决定去外面打拼，没过几年就有了一些小成就，她也过得很开心。

这个故事告诉我们，要想获得快乐和更多的东西，那就要对自己狠，舍弃不必要的东西，如果不对自己狠，就会有危险，就像那只鹰一样，当别人对它狠的时候才知道离开，如果它不离开，等待它的只有死亡了。

不逼自己一把，你就不会知道自己有多优秀。有气场的女人是不会被安逸的生活环境诱惑的，她们会选择自己所喜欢的事情去做。这就是"狠女人"。"狠女人"有一股凌厉的气势，可以折服他人。

作为一个有威严、有气场的女人，威严不仅是拿来对待别人的，也是拿来对待自己的。"狠"女人敢爱敢恨，她们敢于做出选择，就算选择会让自己承担很多痛苦，但是她们知道自己的目标是什么，她们会毫不犹豫地去做，直到达到自己的目的。对自己狠是为了让自己变得更好，这才是有气场的女人最厉害的威严。

女人的一生有太多的挣扎，那是因为生活就是放弃和得到的过程，有些女人不舍得放弃自己拥有的，其实放弃一些东西才会收获更多，自己的人生也会更丰富多彩。对自己狠一点，不要让自己停下来去等谁，也不要想着靠谁，只要想着靠自己的努力超越自己就已经足够，能够独自屹立的气场才是真正强大的气场。

女人不管在事业上还是感情上都要对自己狠一点，决定的事情就去做，分手了就不要再去怀念，怀念是对自己最大的惩罚。女人是感性的动物，但是要想幸福，就要学会理性地处理事情。

对自己狠一点，是一种挑战，因为当别人强迫我们去做自己不愿意做的事情的时候，我们才会觉得别人狠，当自己强迫自己的时候，就是自己在挑战自己的极限。

一个女人如果想不再平凡，那就去做一个"狠女人"，要有自己的思想，不被眼前的东西所迷惑；要有坚定的信心，就算在自己选择的路上撞得头破血流，也要坚持走下去。能够经受生活磨砺的女人才会成为有气场的女人！

沉稳干练，用出众的工作能力服众

有人认为女人就应该是温柔的，温柔的女人的确惹人怜爱，但在征服职场、征服对手的时候，温柔就失效了。具有领袖气场的女性，面对来自各方面的压力，需要指挥手下众多人手，这时候温柔就会被当作软弱。即便是作为一种手段，也需要刚柔并济，需要有"刚"，不能只有"柔"。所谓的"刚"便是沉着、稳重、干练、果断，有全局观，有判断力，有决策力。

很多沉稳、干练的女性从小便具备这些特点，在学校里是开朗、自信、会拿主意的人，无论是同性还是异性，都愿意跟她交往。这种人到了社会上、职场中，会将这些性格上的特点转化为做事的果断，有决策力。当然，并不是说你从小不是这样的人，就永远不会具备这些品质。其中最简便的一条路径便是向这些人学习，甚至可以向那些优秀的男士学习，学习他们是怎么来处理一个问题的。

男人被认为更具全局观，而女人则通常被嘲笑头发长见识短。无论是不是在领导的岗位上，做事情的全局观必须具备，凡事要前前后后想得远一点，看问题的时候站得高一点，将大局了然于胸，才会做出正确的决策，才会胸有成竹。

精准的判断力。对一件事情怎么看，尤其是突发的问题，它背后的成因是什么，其中起决定性作用的是哪一方面，蛇要打七寸，七寸在哪？具备精准的判断力需要你平时积累丰富的专业知识，具有理性的分析能力，要有开阔的眼光，懂得突破常规性思维，还要有良好的心理素质。对一件事情的判断是否准确，将会影响到别人对你的信任。

果断的决策能力。当问题的解决方案出来之后，选择哪一个？这种决策能力必须具备。这种决策力是建立在精准的判断力上面的。当几个方案各有利弊的时候，选择哪一个？这时候要敢于做出决策，即便是冒风险。做决策的时候要当机立断，优柔寡断一来会贻误战机；二来会让人怀疑你的能力，破坏气场。

强大的控制力。如果你是公司领导，你要能控制住自己的员工；如果你负责一个项目，你要能控制住项目的进展。无论是对下属，还是手里的事情，"失控"是非常可怕的。控制力考验的是一个领导的组织能力和协调能力，其中协调能力既有协调资源的分配，也有协调各方的矛盾，总之，让事态按照自己预定的方向发展。

女性毕竟不同于男性，除了向男性学习之外，也有一些自身方面的问题需要注意。比如，要想塑造沉稳、干练的气场，形象上要注意不要穿得花枝招展，不要撒娇，不要发嗲，要独立，不要动不动就哭鼻子，眼泪换不来别人的尊重，要学会控制情绪。

不断充电，领袖气场才会保持下去

如果你想一直保持领袖气质，一直强大，一直让别人崇拜你，那么学习必不可少。气场是会流动的，它会因为你的努力聚集到你身上，也会因为你的自满和懒惰流走。当今社会飞速发展，每个人都像是在跑步一样，争分夺秒前进，如果这个时候你停了下来，你就很难保持自己的先进性，也就等于把气场拱手让人。

领袖气质很大一点表现在判断力和决策力上面，如果你的知识储备不够丰富，是很难让大家信服的。所以，不断学习、不断充电是成为气场女王不可或缺的一部分。

现实社会中，很多姑娘看上去很忙，今天去报个英语班，明天去学习财务知识，但是忙来忙去一场空，并不见有什么成效。学习固然重要，但盲目行事只能是浪费时间，得不偿失。只有走在正确的方向上，努力才是有价值的，下面便是几点学习和充电需要注意的基本事项。

充电要根据自己的需要确定好目标。当你对自己的职业发展有明确的规划，当你对自己的学习能力有清晰的认识，知道自己的长处和短处在哪里时，自然会确定该在哪些方面用力，不至于乱学一通，白忙一场。

白洁在大学学的专业是资源管理，进入公司后做人事方面的工作。时间一久，她觉得这份工作十分琐碎，并且收入不高，也没有工作上的成就感，于是她想给自己充充电，调整一份工作。她想到一个做会计的朋友收入不错，平时也不是很忙，月初几天做做账就可以了，于是她没有多想便报了一个会计班。等真正开始学习的时候，她才知道会计不是那么好学的，自己一点儿都不感兴趣，但是钱都花了，而且学别的东西可能照样痛苦，所以她就忍着学完了，成绩自然不怎么样。等拿到会计证之后，她才发现，公司的财务部并没有招人计划，自己不可能转到财务部门去。她又想，既然这个公司不缺会计，那就找一家缺会计的公司去试试。经过几次面试她傻了眼，原来以她的会计资历，同样只能做些最底层的事情，待遇不会好到哪里去，而她的那个朋友因为是老会计了，并且做的是财务部的负责人，所以收入才会那么高。等了解到这一切的时候，钱也花了，精力也费了，竹篮打水一场空。

罗娟今年已经30岁了，在公司做业务员已有五六年的时间，职位一直没有提升。她觉得自己再不抓住机会努力一下，以后就更没有机会了，她决定给自己充充电。考虑到公司的外贸业务越来越多，领导也越来越重视这一块，她决定在英语上做一下突破。她之前的英语水平一般，只能勉强应付一些文件，但做不到直接跟国外客户交流。她报了一个英语培训班，并且把主要精力放在了外贸英语上。她不仅在业余时间学习，一有机会还向英语好的同事请教，最终英语水平大增，几家跟她接触过的贸易公司还向她发出邀请，想挖她过去工作。后来公司对外贸易部门缺一个负责人，罗娟主动请缨，并拿下了这个职位。因为大家都看到了她的努力，并且知道她的工作能力，所以没有人感到惊讶。

学习、充电要根据自己的切身需要，不要跟风。很多人看到别人都在报班学习，感到了危机，慌忙中给自己报了一堆学习班。也有的人说反正闲着也是闲着，先考出来再说。要知道真正的高手从不使出一些废招。每个人的时间都是有限的，就那么多，你做了这件事就不能做那件事了，出于对自己负责的考虑，也不能盲目跟风，胡乱敷衍自己。只有真正能用得上、能带来收获、产出利益的事情才值得去做。

学习时间的安排也很重要。如果你是单身女性的话，这个问题还好解决，如果有了家庭和孩子，不能因为这件事情疏远了和他们的关系。学习是需要付出时间和精力的，既要保证学到有用的知识，还要平衡好工作、生活和家庭的关系。公司虽然欢迎员工进修，但并不喜欢这些事情占用正常的上班时间；本来进修就是为了提高生活质量，如果因为这件事把生活弄得一团糟，那就是本末倒置；家庭和家人永远是第一位的，要做到起码的关爱。

既然打算学习，就要在基础事项上多费点功夫，选一家口碑好的学校，不要随便在路边看到培训班，或者捡了一张传单就去交钱上课。选择培训班跟花钱买东西一样，也要货比三家，甚至可以先去试听一下，找到真正适合自己的那一家。学校的口碑、课程的设置、教师的资质、社会的认可度等，都是需要考虑的因素。

做好长期奋斗的打算。学习一门新知识从来不是一件简单的事情，需要做好长期奋斗的准备。当你想要放弃的时候，当你遇到困难阻碍的时候，可以给自己打打气，也可以提前嘱托好亲密的人，到了这种时候给你打打气。再就是，学习都是讲究方法的，给自己制订一个学习计划，每实现一个小的目标便奖励一下自己，都是有效的办法。

让自己成为无可替代者

想要具备领袖气质，成为气场女王，卓越的工作能力是基础，你的实力越出众，你的气场便越强大。如今女性已经成为职场中的大军，但明显身处高层中的女性还是比例偏低，而那些杀出重围，在各个领域里面都做到顶级水平的女性，毫无疑问，她们都在自己的行业里面具备一流的能力。

《穿普拉达的女王》里面，时尚杂志女主编气场强大，每一个下属都对她又敬仰又害怕，不但从来不敢违抗她的吩咐，还要想尽办法满足她合理或不合理的要求，甚至连她皱皱眉头，都会被当成一次危机来处理。一方面，我们看到的是这位女主编高高在上；但另外一方面，我们不得不佩服她在时尚界的专业能力。她眼光独到，了解潮流趋势，能准确把握当下人们的心理，为人们奉上最前沿的时尚。如果没有这样的专业能力，你很难想象她会得到前面提到的待遇。

卓越的工作能力是女人的一大魅力所在。出众的工作能力会让女人变得自信起来，会让女人更加有魄力，无论是对待工作还是生活，都能更加积极，成为一个有自尊、懂自爱、能自立的女强人。很多人会说女人太强，男人会望而却步，这不排除一些人的酸葡萄心理，即便是有人因为你太出色而离开你，只能说明他们配不上你。

很多人会把能力出众和工作努力混为一谈。我们知道一些女性工作很努力，一周七天几乎天天加班，但是工作努力和有工作能力是两码事。有能力的人从容淡定，她们非常成熟，知道自己在做什么，知道自己想要什么，知道怎样去获得想要的结果。因为能力强，看待事物有把握，所以她们对待问题的态度都是很明确的，不会模棱两可，不会优柔寡断。因为自信，所以她们处理问题时充满活力，就连走路都身体轻盈。这种女人身上的那种可靠、值得信赖的感觉将大大增强她的气场。

那些最有能力的人会让自己成为"限量版"，不可取代，这个时候也是整个人气场最足的时候。无论是职场中还是生活中，社会都是呈金字塔式的。大部分普通人生活在最底层，能力越出众的人位置越高、越重要，越不可替代。一个流水线车间，每个工人的位置都是可以调整的，因为这种工作不需要太高的技能。但是，你不能随随便便把一个公司某部门的经理开除了。为什么不可以？因为他的能力出众，他承担的责任更多，手里掌握的事项更复杂，就算是交接可能还需要几个月呢，怎么可能随随便便就开除呢？就像一座桥梁，你可以换掉一块砖、一根钢筋，但你不能把桥墩说换就换了。

蚂蚁这种动物是集体生活的，并且分工明确。有人观察到，一类蚂蚁工作十分努力，不停地来回搬运东西。但还有一类蚂蚁，它们看上去十分懒散，东瞧瞧，西瞅瞅，就是不出力，像那些大家庭中游手好闲的公子哥一样。有人做了一个实验，将一群蚂蚁移出它们熟悉的工作环境。这时候有意思的一幕出现了，那些原本勤奋的蚂蚁变得手足无措，不知道该往哪走，而那些平时游手好闲的蚂蚁则当起了指挥官，带领大家重新回到自己的领地，并指挥其他蚂蚁恢复日常的工作和生活。

蚂蚁的这种表现像极了我们人类，在职场中，真正有能力的人在起决定性的作用，那些只知道埋头苦干的人，不过是在执行命令罢了。即便是衣服、鞋、包、首饰，我们也知道"限量版"价值会更高，因为物以稀为贵。女人要把自己塑造成"限量版""抢手货"，这样才能脱颖而出，气场十足。

能力的获得从来不是一件易事，这也可以解释为什么站在高位的人永远那么少。但是，即便如此，女人还是要努力去争取。红颜易老，女人不可能永远用外表去博得好感，不可能永远用温柔去赚取关注，归根结底还是要靠实力来服人。

无论怎么说，女人如果想要有所成就，就必须千方百计提高自己的能力，不断进取，气场会随着你的能力的提升而增强，别人也会因此更加欣赏和认可你。

女王不能容忍细节失误

玫琳凯女士一手创办了国际知名的化妆品牌，帮助全球女性打造美丽容颜，她本人无论是作为公司领袖还是在私下场合中，举手投足间都透出一股强大的气场。她给人印象深刻的是对细节的注重，微笑、握手、打招呼，无论是对老朋友，还是新同事，她都做到完美。

玫琳凯在年轻的时候受过一次"刺激"。当时她还没有创立自己的公司，只是一位普通的推销员。一次，一个非常受欢迎的营销总监举办了一次演讲，她也慕名前往。演讲现场的氛围非常好，这位营销总监也是个善于调动观众积极性的高手，演讲结束，掌声如雷。演讲结束之后，大家都希望能同这位总监握手说上几句话，因为人太多，不得不排起了长队，玫琳凯也在其中。

经过漫长的等待，终于轮到了玫琳凯。此时的她非常激动，伸出双手，但那位营销总监可能实在是太累了，所以他连看都没看玫琳凯一眼，只是伸出一只手，松松垮垮地握了一下，同时还把目光投向玫琳凯身后，去看队伍还有多长。

原本热情高涨的玫琳凯感觉像是被浇了一盆冷水，瞬间沮丧无比，她觉得自己没有得到基本的尊重，自尊心受到了伤害。这件事情被她铭记在心里，并时刻提醒自己，不要犯相同的错误。

后来玫琳凯成立了自己的公司，她时时提醒自己，不要因为自己的疏忽伤害到别人。她是这样想的，也是这样做的。玫琳凯会主动跟人打招呼，别人跟她打招呼的时候她也会停住脚步，认真回应。她对待员工并不敷衍，积极夸奖他们身上的优点，鼓励他们。同玫琳凯共事过的人都对她处理事情的周全交口称赞。

气场的表现并不是在大场合或者关键时刻挺身而出，一鸣惊人，而是多表现在日常微小、琐碎的举止中。气场发挥作用的方式是潜移默化的，别人感受到你的气场也多来自你平时的一举一动、一言一行。常常有人看似气场强大，但一个细节上的败笔，往往会破坏自己在别人心目中的形象。

玫琳凯女士身上有强大的气场，当初演讲的那位销售总监身上也有强大的气场。那位总监可能的确有自己的难处，身体太过劳累，心情有些烦躁，结果就是一个细节没处理好，破坏了刚刚在一些人心中建立起来的好感。有的人会说，大人物有时候顾及不到一些人，这很正常，因为人家是做大事的嘛。这样的认识是完全错误的，越是地位高的人，越应该顾及更多人，事实也的确如此。不信你回想下那些地位高、有身份的人，无论是你认识的还是你听说的，他们不会让任何一个破坏自己气场的细节出问题，更不会以此为理由放纵自己犯错误。

一个人，即便你再注重细节，也难免会有疏漏，犯一些或大或小的错误，这是人之常情。所以说，要求自己注重细节并不是为了杜绝犯错，更重要的是表明一种态度。如果你是个认真仔细、对自己要求严格的人，即便犯了一点错误，别人也会理解，不会影响你的气场；如果你是个马虎大意、没有责任心的人，同样的错误便得不到宽容，只会在别人心中印象更差。

　　所谓细节，就是一些小事、琐事，这类事情我们每时每刻都在做，如果你对自己是否处理好了细节问题没有把握，可以在心里做一个自我测试。你可以回想一下，自己在和别人交流的时候，有没有乱出主意；有没有过多的倾诉，而较少倾听；有没有只说自己感兴趣的话题，不顾别人是不是喜欢；有没有开一些不合适的玩笑；有没有伤到过别人的自尊；有没有谈论上司和同事的八卦；有没有对别人的帮助没有表示谢意；有没有对被人打招呼没有回应，无论你有什么样的理由。当你在公司的时候，有没有总是迟到；有没有接过多的和工作无关的电话；有没有总是找不到需要的文件；有没有在团队工作中偷懒，占别人便宜；有没有当着其他同事的面指责和批评别人；有没有拖延症；有没有太过独立，不参加公司的活动；有没有让客户等自己；有没有冲客户发脾气，等等。

　　心思缜密是女人的一大优点，要想维护自己的形象，稳固自己的气场，就要极力发挥这一优点，注重细节。很多事情成也在细节，败也在细节，细节虽然琐碎，但它就像是一块块砖，能够铺往成功。

拥有领袖气质，让自己成为中心

一般情况下，你身上肩负的责任越多，你的气场便越强。一个公司里面谁最有气场？是老总；朋友聚到一起的时候谁最有气场？是负责组织的人；一个家庭里面谁最有气场？是说了算的那个。所以说，想要成为气场女王，要具备领袖气质，让自己成为中心，别人都围着自己转。

职场中成为中心，会让公司、老板和同事更需要你。很多女人依旧抱有旧观念，认为工作只是一份工作而已，女人重要的是相夫教子。当然，这样的想法也不能说不对，人各有所求。但是如果你想在职场上气场强大，就不得不"抛头露面"。可能你的职位并不高，但这也没关系，如果你是下层，那就在下层中成为中心；如果你是中层，就要具有中层的领袖气质。总之你不能躲在一边，所谓领袖气质便是承担更多责任，在关键时刻敢于站出来做决策。

小张刚进一家公司几个月，还处于人事的底层。这天公司员工突然都收到了公司的邮件，内容是企业效益不好，准备裁员。小张所在的部门要裁掉30%的员工，虽然大家都心有不满，但没有人敢站出来说话，只求自己不要被裁掉。这个时候小张站了出来，她号召大家一起抵制，争取保住自己的工作。小张先是说服了每一个人，然后自己作为部门代表向上级说明情况。她落落大方地出现在领导面前，用数据说明自己部门在公司的重要性，若是裁员会引发怎样的后果，最后还说明强制裁员在法律上没有依据。小张这次出头只不过是看不惯公司的做法而已，没想到居然能成功，她在的部门一个人都没有被裁，而且她俨然已经成为部门的领袖，人人对她刮目相看。

成为朋友的中心，让大家都离不开你。好朋友之间总有一个中心人物，这个人出的主意大家都信服，谁有什么问题也都愿意问他；聚会的时候少了他，大家都会觉得没有氛围，这人就像是一位"老大"。这个"老大"可不好当，你得有责任心，不能见了困难就跑；你得有组织号召能力，别人喊不来的人你能喊来；你得有诚信，说一不二；你还得真诚，让每一个人都对你心服口服，自愿围在你身边。

成为家庭的中心，顶起"半边天"。家庭中往往是谁说了算谁的气场更大，而谁说了算就意味着谁承担更大的责任，遇到事情谁拿主意，有什么大事谁做决策。女人在家里若是有领袖气质，能让丈夫和孩子心甘情愿把事情交给她来处理，毫无疑问，家庭关系将更加和睦。不过，家庭领袖并非那么好当，很多事情要拿捏好分寸。比如，你不能让男人觉得自己没用；不能让男人觉得你是个女强人，自己没有地位；不能让孩子觉得你过分严厉，不敢跟你交流。所以在家庭里面当领袖，要学会同各位家庭成员不断地交流和沟通。

第六章

言为心声，睿智惊艳全场

zuoyige
youcaiqing
denüzi

说有趣的话，做有趣的人

一个人的魅力是在交往中体现出来的，而幽默被认为是最具感染力的交际艺术。长期以来，人们认为女人不懂得幽默，幽默是男性的特权。这种说法是有来由的，一是在很长的一段时间内男性是社交活动的主角，女性并没有发言权；二是无论东方还是西方，都认为女性以娴雅为美，幽默会让她们显得轻浮。当然，在现代社会中，这些观点都已经不存在了，女人也照样可以发挥自己的幽默感，展现自己的魅力。

人际交往中难免会遇到僵持不下的时候，遇到问题就需要解决问题，这时候恰当的幽默会让剑拔弩张的氛围变得融和，问题往往迎刃而解。而作为女性，这一招格外好使，因为女人的幽默同时像是在撒娇，使你的气场更具吸引力，让人不忍心拒绝。

作为世界上第一位女大使，苏联的柯伦泰曾经主导过与挪威商人的渔业谈判。在购买挪威鲱鱼的价格问题上，双方僵持不下，挪威商人觉得柯伦泰出价太低，而柯伦泰觉得挪威商人出价太高。眼看着谈判就要破裂了，柯伦泰突然说道："好吧，就按照你们说的价格成交。"挪威商人听到她这样说一是比较兴奋，二是比较怀疑。这时柯伦泰又说："不过，我们国家没有那么多钱，不够的部分我用自己的工资来补，希望在我有生之年可以付完这笔钱。"话一说完，双方都笑了，最后挪威商人做出了让步，协议很快就达成了。

幽默可以保持一个和谐的环境。人与人之间总是存在这样那样的问题，言语上、感情上、思想上冲突不断，这并非什么灾难，而是再正常不过的情况，哪怕是几十年的夫妻，依旧会为了一些在外人看来是鸡毛蒜皮的事情开吵。这个时候，幽默的作用就体现出来了。恰当的幽默可以让争得面红耳赤的两个人恢复理性，就事论事，不伤感情；一个小笑话，把爱人逗乐，刚刚发生的不愉快就成了生活中的一个小插曲。用开玩笑的方式说出对他人的意见，不伤和气，显得真诚，也会让别人更信任你。总之，幽默在人际关系中就像是机器的润滑油，没有它也能运转，但效果要大打折扣。

发自内心地笑会让人从精神到肉体上都极为放松，所以很多人会喜欢看笑话、看喜剧。如果你是个幽默的女人，在大家都很累的加班夜里，在父母工作了一天的晚饭桌上，在爱人长途出差回来的时候，适时展现一下自己的幽默，让大家哈哈一笑，放松一下，肯定会让自己更受欢迎。

批评下属和给别人提意见，这种事一般人都不愿意去做，因为往往会伤和气并造成尴尬；但是，在其位，谋其政，如果你的身份需要你去做这些事，你就应该认真去做，并且要做好。

如果在批评对方和提意见的时候懂得运用幽默，基本上事情就好办多了。

　　饭店里，一位女子点了一份汤，但是服务员端上来的时候把拇指扣在了碗内，都沾到汤上去了。这位女子也没说什么，赶紧从包里拿出一个创可贴递给服务员，说："快贴上，肯定烫疼了吧？"服务员哭笑不得，老板过来表示抱歉，之后这种事再也没发生过。

　　幽默是一种很好的自嘲方式，可以用来化解尴尬，同时也是自信的体现，能展示一个人的心胸。尴尬的场面是每个人都会遇到的，与其遮掩和逃避，蒙混过关，不如正面面对，大胆地自嘲一下。

　　有位诗人到书店去参加自己作品的朗诵会，结果到了现场一看，台下的观众寥寥无几，很多椅子都空着。诗人上台后说，我早就告诉书店不要摆这么多椅子，摆上几把就够了，等我回家我妻子问我今天人多不多的时候，我就说有的人都没地方坐。

　　这一番话让观众哈哈大笑，尽管人不多，但是融洽的氛围立即就营造出来了。

　　自嘲是一种人生智慧，懂得自嘲的人往往更受欢迎。但是，凡事都有度，自嘲也是如此。自嘲并非一味地在自己身上开玩笑。除非你是在表演脱口秀，否则自嘲出现的频率没必要太多，不然那就成了表演了。再者，自嘲往往会在一段话中起到画龙点睛的作用，自嘲太多，反应肯定不如预计的好。自嘲是在拿自己开玩笑，但肯定是阳光积极的，要是太恶毒，或者没有道德，对提升气场不但没有帮助，反倒有损害。自嘲的场合也很重要，越是严肃的场合，自嘲应该越少出现，免得被人看作态度不端正，或者对这个问题不重视。

如果你想成为一个幽默的女人，那就看看幽默都需要具备哪些素质。首先，要有爱心，这是所有幽默的出发点。其次，要懂得幽默的技巧，比如说一些反话、自嘲，对新事物保持好奇。最后，知识储备越多越好，它们会为你提供无数的幽默素材。灵活应变也很重要，当突发事情出现的时候，可以瞬间把它们变成幽默的原材料。最重要的一点是，要有健全的人格和宽广的心胸，要有自信。

倾听是尊重，更是一种内心的修养

女人如果想在人际交往中获得好人缘，那你就得先做一个善于倾听的人，而不是一个絮絮叨叨说个没完的唠叨女人。要使别人对你感兴趣，那你就得先对别人感兴趣。

倾听别人说话是女人与人有效沟通的第一个技巧。最成功的处世高手，通常也是最佳的倾听者。

倾听是对别人的尊重和关注，它在日常的人际交往中具有非常重要的作用。学会倾听的女人，往往表现出大度与接纳，散发出女人特有的温情魅力，更容易受到倾诉者的欢迎。

那么，女人如何才是真正懂得倾听呢？

1. 倾听时要有良好的精神状态

良好的精神状态是倾听的重要前提，如果沟通的一方萎靡不振，则不会取得良好的倾听效果，它只能使沟通质量大打折扣。良好的精神状态要求倾听者集中精力，随时提醒自己交谈到底要解决什么问题。听话时应保持与谈话者的眼神接触，但对时间长短应适当把握。如果没有语言上的呼应，只是长时间盯着对方，那会使双方都感到局促不安。另外，保持身体警觉则有助于使大脑处于兴奋状态。所以说，要想专心地倾听，不仅要有健康的体魄，而且要使躯干、四肢和头部处于适当的位置。

2. 使用开放性动作

开放性动作是一种信息传递方式，代表着接受、容纳、兴趣与信任。

开放式态度是一种积极的态度，意味着控制自身的偏见和情绪，克服思维定式，做好准备，积极适应对方的思路，去理解对方的话，并给予及时的回应。

热诚地倾听与口头敷衍有很大区别，它是一种积极的态度，传达给他人的是一种肯定、信任、关心乃至鼓励的信息。

3. 及时用动作和表情给予呼应

作为一种信息反馈，沟通者可以使用各种对方能理解的动作与表情表示自己的理解、传达自己的感情以及对于谈话的兴趣。如微笑、皱眉、迷惑不解等表情，给讲话人提供相关的反馈信息，以利于其及时调整。

4. 适时适度的提问

沟通的目的是获得信息，是为了知道对方在想什么、要做什么，通过提问可获得信息，同时也从对方回答的内容、方式、态度、情绪等其他方面获得信息。因此，适时适度地提出问题是一种倾听的方法，它能够给讲话者以鼓励，有助于双方的相互沟通。

5. 要有耐心，切忌随便打断别人讲话

有些人话很多，或者语言表达有些零散甚至混乱，这时就要耐心地听完他的叙述。即使听到你不能接受的观点或者某些伤害感情的话，也要耐心听完，听完后才可以发表你的不同观点。

当别人流畅地谈话时，随便插话打岔，改变说话人的思路和话题，或者任意发表评论，都是一种没有教养或不礼貌的行为。

6. 必要的沉默

沉默是人际交往中的一种手段，它看似一种状态，实际蕴含着丰富的信息，它就像乐谱上的休止符，运用得当，则含义无穷，真正可以达到"无声胜有声"的效果。但沉默一定要运用得体，不可不分场合，故作高深而滥用沉默。而且，沉默一定要与语言相辅相成，才能获得最佳的效果。

总之，只有学会倾听，你才能拥有和谐的人际关系。

倾听是一种动听的语言，是我们对别人最好的一种恭维，很少有人拒绝接受专心倾听所包含的赞许。聪明的女人，是一个会倾听的女人，善于倾听，就会让你处处受欢迎。

影响气质的不只是你的外表，还有你说话的声音

古语言："不见其人，只闻其声。"听话听音，这个声音非常重要，从音中能听出你的情绪、态度、内心世界，因此，声音仿佛是人的另一张脸。优雅女人一定要注意声音的修饰，以免让人误会。尽可能地用柔和的声音与人交流，人们往往喜欢听一个声音柔美温婉女子的讲话。

优雅的声音，能释放女人高雅脱俗的内在精神气质和修养，使女人的魅力得以完全放射，是一种能量，一种吸引力。优雅的声音，像磁场感应，达到"不见其人，只闻其声"就产生好感的效果。

某媒体曾经报道，英国国家大剧院的一份档案披露，素有政坛"铁娘子"之称的英国前首相撒切尔夫人曾在好莱坞一个著名声乐教练凯特·弗莱明的帮助下改变其尖利的嗓音。

这份档案透露，20世纪70年代初，当时还是英国内阁成员的撒切尔夫人曾因声音尖利而没能获得在一次政治广播中演讲的

机会。由于撒切尔夫人天生一副细高的小嗓，她和竞选团队都认为，这样的声音缺乏自信和果敢，也缺乏深沉、安稳与含蓄。总之，那不是一国首相该有的声音，也不是一位有教养女士理想的声音。

此后她便经著名演员劳伦斯·奥利弗介绍，向声乐教练凯特·弗莱明求助，希望将自己的声音变得柔和，以更适合公众演讲。当然，声音的训练是艰苦的，也是一个长期的过程。

她的传记作者说，撒切尔夫人当时意识到，她必须改变自己恼人、尖利的嗓音。她也曾在自传里说，她知道声音不理想，便请来专业人士辅导，让专业人士告诉她什么才是理想的声音，如何才能发出理想的声音，每时每刻，只要开口说话，就按照专业人士的建议练习。

据说，撒切尔在 1972 年至 1976 年接受了凯特·弗莱明的训练。之后，在电视上、议会辩论时，她的声音完全改变了。她的声音沉稳和缓、含蓄委婉，完全一副柔和的女中音音色，同时口齿高度清晰，配合有节制的面部表情，理性、尊严、雍容的形象立现眼前。

试想一下，一个操着尖厉高音的铁娘子一定是让人不安的，甚至是令人生厌的；而有着柔和沉稳音色的撒切尔夫人，其形象即使仍旧不够亲切，至少也不再那么咄咄逼人。从这个角度来说，声音的改变是撒切尔夫走上成功不可忽视的关键因素之一。

声音是人的另一张脸。好的声音能够增添一个人的魅力，一个人即使面部有缺陷，但是说话的声音很好听，也会比那些说话声音有问题的人更有外在魅力。反之，那些原先被看成是很有魅力的人如果和说话声音扭曲、奇怪联系在一起的话，那他的魅力就会大打折扣。

一般而言，女人的声音最好宽厚、柔和、含蓄、温婉，音量大小适中。古希腊的医生伽林曾经说过："声音可以反映出一个人的灵魂。"播音员、主持人会有专门的声音方面的训练，通过掌握一些发声技巧，他们的声音总是让人听起来比较舒服的。

2011年9月，欧阳夏丹加入《新闻联播》主持团中。据悉，这是一次公开透明的竞聘考试。在竞聘过程中，整个评委团队给参与竞聘的主持人设置了三种不同的情景，而欧阳夏丹在每一种情景内都表现得非常优异，各项得分都很高，因此成功胜出。

镜头前的欧阳夏丹身穿白色西服外套，一头干净清爽的短发，依旧是带着两个酒窝的亲切笑容，播报新闻时的声音温和而有感染力，端庄而不失亲和力。看到欧阳夏丹甜美的微笑，听到她清亮的声音，就如同沐浴清晨第一缕明亮的阳光。越来越多的观众迷上了这位浑身洋溢着亲和力的年轻女主持。

欧阳夏丹的魅力和亲和力从传播的角度来说，用声音表现的部分占了大多数。欧阳夏丹的声音，如她所说，有点磁性，又欢乐明快，让沉睡了一晚的心就那么慢慢苏醒过来。欧阳夏丹这样评价自己：一直以自己的名字为荣，估计全国都找不出一个重名的，这样容易让人记住；个头不算太高，但已够标准；长得不算漂亮，但气质不差；声音不算响亮，但蛮有磁性；性格不够完美，但始终乐观开朗，也还颇有人缘……这就是我。

一个人的个性会通过声音展现出来。欧阳夏丹乐观开朗的性格，使得她的声音也呈现出一种明快、清亮的内格，让人听后如沐春风。欧阳夏丹说："声音的塑造非常重要，这是基本功。这在现在的工作中是不可或缺的。尤其是在大型直播报道中，最能体现主持人基本功的扎实与否！"

拥有有教养的声音，是女性自我修养的重要组成部分。这种训练任何时候开始都不晚，只要我们提醒自己，用认为舒服好听的声音说话，坚持下去，就会有收获。我们常形容一个人的声音好听为"很有磁性"，这样的声音总是能够赢得别人的好感。

俗话说"有理不在声高"。温柔的声音，娓娓动听，如高山流水，给人一种美好的享受之感。声音是人的另一张脸，如果我们把这张脸打扮得"干净漂亮"，就会觉得生活更美好。

要使声音充满魅力，日常生活，要在以下几个方面多加练习：

1. 语调明朗、低沉

说话时，语调保持明朗、愉快、低沉可以有效地吸引人，这样声音才更迷人。如果你说话的语调偏高，就要练习让语调变得低沉一点。

2. 适当调整节奏

说话时的节奏如果"从一而终"，势必会有呆板之感，没有激情。要注意速度节奏的控制和变化，做到快慢适中，快而不乱，慢而不断，增强语言形象的美感。

另外，音调的高低也要妥善安排，任何一次谈话，抑扬顿挫，速度的变化与音调的高低，必须搭配得当，只有这样你的谈话才能有出奇的效果。

3. 吐字清晰、措辞高雅

吐字不清、层次不明是谈话成功的最大敌人，假如别人无法了解我们所要表达的意思，也就更不可能打动他。克服这个问题，就需要我们平时练习大声朗诵。

一个人在交谈时的措辞，如同他的仪表，对谈话的效果起着决定性的影响。对于发音困难的字词，要力求正确，因为这无形中会表现出你的学识与教养。

4. 适时停顿，加表情配合

在交谈中，"停顿"很重要。不仅可以整理自己的思维，还可以引起对方注意、促使对方回话。要想运用得恰到好处，既不能太长，也不能太短，这需要靠自己去揣摩。如果我们在说话时能用恰当的表情相配合，可以让谈话更具感染力。

5. 声音的大小要适中

其实最恰当的声音只要两个人能够相互听到彼此的声音就可以了。音量太大，就会成为噪声；音量太小，使对方身体前倾才听得到，对方听起来就会感到很吃力。

如何让你的话更有吸引力

同样两个女人，谈话吸引人的那位气场肯定更大一些。而如何做到让自己的谈话更吸引人？这里面有很多窍门。

首先从说话的技巧上来说，你的声音要动听。不同的声音对人的感染力是不一样的。同样的内容，让声音清脆曼妙的人来讲，和让一位公鸭嗓子的人来讲，效果肯定不同。很多人会说，嗓音难道不是天生的吗？这个怎么改变？嗓音虽然是天生的，但并不是不可改变，我们在电视和电台里面听到的优美嗓音，他们在接受专业训练之前也不是那样的。训练嗓音的方法很简单，你可以找一些朗朗上口的文字，反复地朗读，或快或慢，或高或低，或悲或喜，最后你会发现你的声音比之前动听了很多，而且容易控制，不会走音。

说话的音量也是个非常重要的问题，很多人说话嗓门太大，明明隔得不远，也是用"喊"，而不是说。这是个人习惯问题，他们小时候受家长影响，从小说话便高嗓门，你让他声音小点，他就说不出话来了。但是我们知道，有理不在声高，大嗓门会让人觉得聒噪、粗鲁。还有的人说话声音太小，感觉像是受了委屈一样，这样的人说话当然也是毫无气场可言。如果你想训练降低自己的音量，可以多听轻音乐，让自己变得优雅、温柔一些；如果你想提高自己的音量，首先要做的便是对自己充满自信。

　　说话的语速问题，有的人说话太快，像是竹筒倒豆子，往往说了十句别人也就听懂两句；有的人慢性子，说话太慢，一句话说半天，让人干着急。以正常的语速与人交流，沟通才能流畅。要想让自己说话有吸引力，就需要配合一般人的语速。

　　口齿要清晰，发音要标准，不要大舌头。如果你不是和老乡交流，普通话就要说得标准一些，说方言会增加两个人之间的距离。说好普通话没什么诀窍，一是多听，二是多说。多听可以听一听电视上的主持人，尤其是新闻节目主持人说话，他们的普通话都是经过严格训练的；说得不好的时候不要胆怯，不要害羞，不然你永远学不好，一时的丢脸总比一辈子丢脸要强。

　　说话的时候要自信。很多人想要给别人讲个笑话，结果还没讲就担心别人觉得不好笑怎么办，越是这样想，声音越小，笑话也就变得越不好笑，最后笑话变成了冷笑话，十分尴尬。

　　上面说的都是具体的说话技巧，发音、语速、音量的控制等，但这只是基本功，说话的内容更加重要。说什么对方更愿意听？怎么说对方会更喜欢？这关系到如何体现你的气场，体现怎样的气场。

　　首先，谈话的时候你的主题要吸引人。如果是单纯地打招呼、聊天，那么做到有礼有节，随便说几句就行了。但如果是几个人在一起聊天，你的话题就得具有吸引力，不要一味地说些废话和车轱辘话，说这些话还不如不说。你的话题可以是个有趣的故事，可以是个新颖的观点，可以鼓动大家认可一个东西，也可以感动得想让人流泪。

其次，投其所好会永远有话说。俗话说："酒逢知己千杯少，话不投机半句多。"怎么算是投机，当你谈对方感兴趣的话题时，永远会觉得"投机"。一位作家和一位运动员聊天，两个人都觉得没话说，又不想主动聊自己的领域，觉得那样显得非常自恋，所以都在等对方先提起。结果呢，作家就是不提体育方面的事情，而运动员也不提文化领域的事情，最后，两个人的谈话就会平淡无味，谈话的两人都会觉得对方是个无趣的人。共同的话题是谈话的基础，若是这个话题是自己擅长的，那么气场自然就在说话的时候出来了；而主动提起对方擅长的话题，会显得你礼貌和谦虚，也会让对方对你有好感。

如果是第一次见面，不知道该聊什么，那就聊当下最新鲜的话题，保管不会出错。一般新鲜、大众、流行的话题都是大家普遍关心的，即便不关心也多少会有一些了解，所以都有话可说，不致太尴尬。同陌生人聊天不知道说什么的时候，可以投石问路，直接问他对什么感兴趣，问他平时都喜欢玩什么，或者问对方老家是哪儿的，一般不出几个问题就能发现两人的共同点，就有了共同话题。

谈话的时候话题选择是有禁忌的，八卦几乎是女人的天性，要改掉这个毛病，要知道不是所有的事情都能当作话题谈论的。

如果是在公司里，不要谈论一些人事升迁问题，不要议论领导的决策，不要传播小道消息；和不是非常亲密的人交谈时，不要因为一些无关紧要的小事争吵，比如你喜欢的明星和她喜欢的明星谁更厉害之类的；如果知道对方经历过一些不幸，比如离婚、丧子等，不要提这些话题；不要打探对方的隐私；不要说一些低俗的笑话，等等。

交谈不仅仅是动嘴皮子的事情，交谈时微笑地注视着对方，会让人心情愉悦；坐着的时候身体前倾，眼睛正视对方，表示你在认真倾听；不时点头，表示赞同对方的观点，等等。总之，让人觉得你不是在敷衍，而是在真诚地沟通，别人自然会被你的气场影响到，也会认真对待你。

学会缓和气氛，化解尴尬

生活中，尴尬之事在所难免，出现尴尬或其他"不好收拾"的情况时，聪明的女人会灵活地缓和气氛，轻松地化解难题。归纳起来，缓和气氛的学问主要有以下几点：

1. 说明真情，引导自省

当双方为某小事争论不休、互不相让时，无论对哪一方进行褒贬明确的表态，都犹如火上浇油，甚至会引火烧身，不利于争端的平息。因此，此时只能比较客观地将事情的真相说清楚，而不加任何评论，这样才能让双方消除误会，从事实中反省自己的缺点或错误。

2.岔开话题，转移注意力

如果是非原则性的争论，双方各执己见，而这场争论又没有必要继续下去，又该如何"打圆场"呢？如果力陈己见，理论一番，恐怕不会有效，不妨岔开话题，转移争论双方的注意力。

3.归纳精华，公正评价

如果争论的问题有较大的异议而双方都有偏颇，眼看观点越来越接近，但由于自尊心，双方又都不肯服输，这种情况不应考虑双方的面子，将双方见解的精华归纳出来，也将双方的糟粕整理出来，做出公正评论，阐述全面且双方都能接受的意见。

4.调虎离山，暂熄战火

有的争论，双方火气都很旺盛，大有剑拔弩张、一触即发之势，这时最好当机立断，借口有什么急事（如有人找或有急电），把其中一人调走，让他们暂时分开，等他们消了火气，头脑冷静下来了，争端也就趋于平静了。

假如你想让两个过去抱有成见的人消除前嫌，假如你的亲人突然遇到过去关系很坏的人而你又在场，假如你作为随从人员参加的某个谈判暂处僵局……作为第三者，你应首先联络双方的感情，努力寻找双方心理上的共同点或共同感兴趣的问题。一幅名画、一张照片、一盘棋、一则笑话、一段相同或相似的经历，乃至一杯酒、一支烟都可能成为双方感兴趣的话题，都可以成为融洽气氛、打破僵局的契机。

其实，缓和气氛的更高境界是把事情做得浑然无迹，并且是"人情做到底，送佛到西天"，给别人以尊重。

当然，缓和气氛还有很多方法，关键看你在实际生活中如何随机应变。

赞美与批评要得法

得到他人的肯定和认可，这是人类的本性之一，所以每个人都喜欢得到别人的赞美。由此一来，赞美便成为一种沟通和交流的重要方式。赞美可以拉近两个人之间的距离，赞美可以鼓舞对方的士气，赞美可以帮助别人战胜困难，也可以赢得他人的信任和帮助。如果你想成为气场女王，就一定要懂得真诚地赞美别人。

赞美看起来很简单，就是夸赞别人几句好话，但是什么时候该赞美，该怎样赞美，都有讲究。在合适的时间，合适的场合，用对了合适的赞美词，赞美的效果才会最佳，对你的气场帮助也最大。而错误的赞美有时候比批评还要尴尬。下面就是几种可供参考的赞美方式。

在赞美别人的同时，为对方建立起一个希望。单纯的赞美虽然也会让人开心，但是毕竟只是溢美之词而已，如果你能想得更远，一来，能体现出你在对方身上花的心思，说明你同别人不一样，你是真正在关心对方；二来，这样的赞美对被赞美者有巨大的鼓舞作用，很多人都是在小时候受到了这样的鼓舞，后来才有所成就的。比如，对一个写作出众的孩子赞美的时候，可以说："你写得非常好，继续保持下去你会成为一个作家的。"对一个画画很好的孩子可以说："太漂亮了，我看你就是下一个凡·高。"

要在对方取得成就的时候送上赞美之词，但当对方处于低谷的时候，也不要吝啬赞美。当一个人拿到了博士学位，得到了理想的职位，娶到了心爱的女人，这样的时刻要及时送上赞美。但是，当这个人走在艰苦的求学之路上时；当这个人天天熬夜加班，拼命工作的时候；当这个人为了爱人辛苦打拼的时候，你的赞美将会起到更大的作用。不过这样的赞美要选对切入点，免得被人当作是讽刺，那样就得不偿失了。

虽然大家都喜欢赞美，但是相对于预料之中的赞美，意外的赞美效果会更好。我们的生活中，我们周边的人身上，值得赞美的事情很多。不要只在你的下级做出优秀业绩的时候才赞美她，当她穿了一件漂亮的衣服，戴了一副漂亮的耳环，或者收到一束漂亮的鲜花时，都可以送上你的赞美。不要只在孩子考试得了高分的时候才赞美他，当他学会了一项新技能，做了一件乐于助人的事情，都可以赞扬他。

人们喜欢赞美，不喜欢批评。但是，有赞美就有批评，这是躲不掉的。批评对方也是一种建立气场的途径，好的批评能让对方认识到错误，且不会对你心有怨恨，反而对你心服口服。同样，针对不同的情况和不同的对象，批评也分很多种方式。

第一种，劝告式批评。我们经常听到一句话叫："我这都是为了你好。"很多时候，我们觉得这句话太虚伪，什么为了我好，还不是为了自己？我们在批评别人的时候，可以不说这句话，但一定要表达出这个意思，让对方感觉到你之所以批评他，是为了让他更进一步，他原本可以做得更好，这样他的态度就会好很多，接受批评的同时会对你心存感激。这种批评方式有点像家长批评孩子。

第二种，暗示式批评。有的问题不是十分严重，并且犯了错误的人非常自觉，也认识到了自己的错误，这样的情况就没必要大张旗鼓，暗示一下就行。比如，在会上说："最近大家的工作都做得不错，取得了很好的成绩。但是，有个别人出现了不应有的错误，希望这样的事情以后不会再发生。"简简单单几句话，大家心知肚明，既表明了领导的态度，也顾及了下属的面子，目的达到了就行。

第三种，一边批评，一边帮对方开脱。虽然听上去有些自相矛盾，但这种方法有点像"欲擒故纵"，起到的效果往往比完全批评更好。比如，你在批评对方的时候，说"当然了，问题也不全在你""毕竟你还是个年轻人""当年这个问题我也犯过""出现这样的情况也算是在我预料之中"，这些话会让对方放下心来，虚心接受批评，不至于伤到自信心。一个人的自信心一旦被伤害，将很难再恢复。

第四种，先赞扬，再批评。人们喜欢被肯定，不喜欢被否定，所以喜欢赞美，不喜欢批评。很多时候，在批评一个人的时候，可以先赞扬他的优点，再批评他的缺点。他在接受你赞扬的时候，已经建立起对你的信任，所以借着这股信任，也会接受你的批评。这种批评方式一是适合用在一些新人身上，主要是维护他们的自信心；二是用在一些水平非常高的人身上，他们一般不会被人批评，这主要是维护他们的尊严。

第五种，说着笑着就把别人批评了。批评不一定非要板着脸大声呵斥，可以开开玩笑，让对方认识到自己的错误，表明自己的立场就行了。有时候，反而这种方式起到的效果更好。你去正面批评一个人，对方心里难免会有反抗，但你旁敲侧击，这人也就不好说什么了。当然，这种批评方式要看批评对象，对那种平时很严肃的人不适用，那样会让他感觉到是在被嘲笑。

第六种，直接式的批评。上面提到的这些批评方式要么考虑对方自尊，要么考虑对方的自信心，还要维护自己的形象，而当你面对自己最亲密的人时，可以不用顾虑这么多，把你的意见一股脑儿说出来。听不得你批评的朋友不是真正的朋友，即便失去了也没什么可惜的。同样，你也要有这种心胸听取别人的批评。

批评别人的时候还有几点要注意，如果批评对象只涉及一个人，而不是一个群体，不要在第三方在场的情况下批评这个人；批评别人的时候要让对方感觉到他确实错了，你是对事不对人，这样别人才能心服口服；对事不对人就需要你先把事情搞清楚，然后以理服人，不要批评了别人半天，对方还不知道错在哪里。

当你坚守自己的原则，维护基本的标准，用合理的方式去批评一个人的时候，你不会因此收获敌人，而是气场更加强大，更加让人信服。

学会说"不"，老好人没有气场

拒绝他人是生活和工作中时常要面临的一个问题，但有的人就是说不出那个"不"字。一个不敢说"不"的人，她的气场是"软"的，这种软不是柔，而是可以捏的那种软，甚至可以让人无视。说"不"可以避免不必要的麻烦，也可以体现出自己的果敢和坚毅，向他人表明自己的态度，是对别人负责，也是对自己负责。

很多女孩的想法很单纯，她们不会拒绝任何人倒不是自己有多大的能耐，而是不忍心看到别人被拒绝，或者不好意思说自己不可以，觉得这样做会伤害两个人的感情。

首先，这样的女孩子是老好人性格，即便你帮得了别人，时间一久，别人也会渐渐不重视你，你得不到应有的尊重；其次，你把事情揽进自己怀里，口口声声说没问题，结果却是自己再去找别人帮忙，超出自己能力范围的这种帮助实在不必要。为什么不能大大方方地说自己没有那个能力呢？如果担心别人笑话自己，大可不必，就算是孙悟空也有做不到的事情；如果担心让朋友不满意，那这样的朋友不交也罢。再者说，当你发现自己答应了别人的事情做不到的时候再去拒绝，会更伤和气。

职场上要学会说"不"，否则你只会成为被欺负的那一个。很多女孩子刚刚进入职场，认为公司是一个温暖的大家庭，和同事之间的关系也是能好则好，宁愿自己吃亏也不会拒绝别人。但是，职场如战场，每个人都在努力往上爬，你是他们眼中的竞争者，即便你们是一个团队，一起做事，互相协作，也要面临分配利益和分担责任的问题。每个人都是自私的，所以当别人侵犯你的利益时，你要站出来保护自己，这已经不是什么谦虚不谦虚的问题了，如果连自己的利益都不敢维护的话，你在别人眼中就是个任人宰割的羔羊，没有可以威慑别人的气势，没有任何气场可言。

有人或许会说，你这是在危言耸听，职场哪有你说的那么黑暗。如果你进入职场只是当一天和尚撞一天钟，无欲无求地熬日子的话，的确是没有那么多人来侵犯你，因为你对他们没有威胁。再说，这里说到的别人侵犯你的利益很多时候都是正常的竞争，职场上少不了这种竞争。

王铮是刚刚进入公司的出纳员，因为初来乍到，所以十分谨慎，对谁都是一副笑脸。财务室的另外一位同事是会计，这个会计常常将一些原本属于自己的工作推给王铮去做，还美其名曰帮她熟悉下业务。王铮其实看出了会计的心思，但为了办公室和睦，不好意思拒绝。没想到这个会计得寸进尺，分配给王铮更多额外的工作。

到了月底，公司盘点库存，发现账目对不上。经理到财务室大发脾气，把会计责备了一顿，等经理走后，会计又把王铮责备了一顿，说她连个数字加法都算不好。王铮十分委屈，心想我这是在帮你做事情，你居然反过头来这样对我。

第二天会计就跟没事人了一样，继续把自己的工作堆到王铮的桌子上，但是王铮拒绝了。她对会计说："这些事情分明是会计的工作，而我只是一个出纳，你也知道会计和出纳一个管账，一个管钱，职务不能混淆。再说，要是出了什么问题，谁来负责？我担不起。"自此之后，会计再也没有为难过王铮。而王铮收获了自信，也不用再去怕谁。

生活中也有很多女人喜欢扮演老好人的角色，她们觉得吃点亏没什么，还用"吃亏是福"来安慰自己。或许所谓的吃亏并不会给你的利益造成多么大的损害，顶多占用点时间，但是不会说"不"的人在别人眼里得不到尊重。

爱情也是一个少不了拒绝的阵地。有的女人对追求自己的男人没有好感，却不拒绝，一种情况是不忍心，开不了口；一种情况就是玩弄别人。第一种情况没有必要，因为这种事越晚开口对对方伤害越大，除非你忍辱负重嫁给他，不然的话还是早开口拒绝的好。第二种情况纯属道德问题，没什么好说的，玩弄别人的人结果往往是被别人玩弄。

爱情中男女双方各有要求，但对方的要求有时候会让你感到不舒服，甚至厌恶，这种时候也要勇于说不。有的男人禁止女朋友穿短裙，有的要求女朋友去隆胸，还有的要求女朋友不要跟某个闺密来往……这样的事情并不少见。很多女人害怕自己说"不"之后有损两个人的感情，这样的想法有些本末倒置，早早发现两个人之间的不合适是好事，等两个人结婚了，积攒了一堆不合适，处理起来岂不是更麻烦。再说，男人并非不讲理，一些事情只是双方考虑的角度不同而已，你大胆说出自己的想法，或许他的认识也就改变了。比如，你说女人都爱美，我打扮得漂漂亮亮的，自己也高兴，你看了也高兴，别人看到你有这么漂亮的女朋友也都会羡慕你，你有什么不愿意的呢？你怎么还吃自己的醋呢？但你若是什么都不说，全都积攒在心里，早晚会爆发。

学会说"不"可以让你的生活更轻松，让你的职场更顺畅，让你的爱情更和谐。如果你想好了说"不"，就大胆、果断地说出来。当然，拒绝别人也是讲究技巧的，根据不同情境，或委婉，或严厉，让别人感受到你的气场。

拒绝得法，气场不减反增

　　拒绝别人听起来好像是一件特别散气场的事情，因为拒绝会让对方感到受挫，甚至自卑，两人之间很可能关系变得疏远，甚至之后不会再与你共事。但是，拒绝也是讲究技巧的，处理得好的话，不仅不会散气场，还会为你赢得更大的气场。人的一生中免不了要拒绝一些人、一些事，女人若想成为气场女王，就一定要学习怎样拒绝别人。

　　要想不伤和气，甚至让对方更加尊重你，拒绝的时候态度一定要端正。你要让对方感觉到你的拒绝是经过深思熟虑的，你是经过考量的，拒绝这个决定对自己来讲是最佳选择。这种时候，对方虽然被拒绝了，但仍旧会对你尊重，以后有好的机会还会愿意跟你合作。不要不等别人说完就拒绝别人，这样只会显得你自高自大和粗鲁。

　　拒绝的时候要委婉。虽然结果都是一样的，都是拒绝了别人，但是委婉的处理方式能照顾到对方的自尊心和自信心，拒绝别人没必要打击别人。比如，一个男人追求一个女人，如果这个女人想要拒绝的话，她可以说"我们不合适"，也可以说"我不喜欢你"，其实都是拒绝，但感觉又不一样。"我们不合适"是一种委婉的拒绝，是说两个人不适合谈恋爱，里面没有打击和否定对方的意思，不是你不好，只是我们不合适。而"我不喜欢你"则有很强的主观态度，是对男方的一种否定，这样的答案无疑比前一种要伤人。

必要的时候编一个借口。我们不鼓励骗人和说谎，但有的时候来点善意的谎言也无伤大雅。比如，别人请你去出席一个宴会，你知道一去肯定要喝酒，而自己确实不能喝，可以说自己最近身体不舒服，不要强硬地拒绝，让对方下不来台。

拒绝也是一种姿态。有的时候拒绝是故意为之的，当初刘备三顾茅庐才把诸葛亮请出山来，假设一请就出来，气场肯定弱很多。商场上为了赢得对方的重视，或者引起必要的关注，可以先拒绝一些邀请，当对方提高待遇级别，或者由更高级的领导来邀请的时候再出山，气场会一下子强大很多。当然，这是一种策略，不适用于熟人之间。

拒绝别人的时候不忘肯定对方。拒绝是负面的，会让人觉得感情受挫，而肯定和鼓励是正面的，会让人心情愉悦。所以，在拒绝之前先肯定一下对方，会减轻拒绝带来的那种负面影响，就好比在给孩子喂药之前先喂一勺糖。再者，肯定别人是一种好习惯，即便最后的结局是否定了别人，但这种肯定代表着你对对方努力的认可。比如，某个下属提交了一份方案，你看过之后认为还有不足，不能通过，但你可以指出其中的优秀之处，给予鼓励，哪怕说："我看到你最近一段时间天天加班，特别辛苦，我相信你的努力不会白白付出的。"如果是拒绝了一个追求你的男人，也可以说："你是个体贴的人，只是我们性格实在不合"或者"你是个勤奋踏实的人，但我最近不打算考虑恋爱的问题，我会先在事业上做出一些成绩"。要知道，一些男人只是当时不合适而已，没必要把别人一棒子打死。

还有一种拒绝的方法，让对方自己否定掉自己。这种方法的好处在于让对方心服口服。小张在建筑设计所工作，他提交了一份老年公寓的设计方案，领导看了之后没有直接下结论，而是问东问西，像是在闲聊天。领导问他："你们家有没有老人，爷爷、奶奶在不在一起住？"还问："你知不知道老人走路的平均速度大约为多少？""你觉得这个楼梯的坡度对老年人来说是不是有些困难？"经过几番提问，小张发现自己的方案有很多不足之处，主动撤回了方案，回去修正。这便是把主动拒绝变为被动拒绝。

拒绝要趁早。凡是别人提出的请求，肯定都是花费了心思的，所以如果你早就知道了这件事，并且肯定会拒绝，那么拒绝宜早不宜迟。好比谈恋爱，如果确定不喜欢对方，不要让对方陷进去太深才去拒绝，这也是为别人着想。

拒绝的场合很重要。拒绝这种事情，还是选在隐私一些的场合为好，因为要照顾到对方的自尊和脸面。如果有不相关的第三方在场，可以等他们离开之后再说。不过有的事情是没有犹豫的余地的，比如，有的女人其实并不喜欢某个男人，但是男人选在公众场合求婚，女人便不忍心拒绝，只好暂时答应。等事后再拒绝的时候，男人也觉得格外受伤。这种事情就不要考虑场合了，该拒绝还是要拒绝。

不光会说，还要会听

　　会说话的女人气场足，但是说话只是交流的一部分，作为与之配套的倾听也非常关键。气场女王不光要会说，还要会听。

　　在交流中，当一个人用期望别人对待自己的态度来对待别人时，沟通才会达到最佳效果。很多人认为交流中说话的一方是主动者，而倾听的一方是被动者，所以我们经常见到一种情况，别人说话的时候一些人根本就不认真听，而是在心里盘算着过会儿等自己说的时候该说些什么。你不去听别人说什么，用不了多久，就不再有人想听你说什么。所以说，积极、认真、有耐心地倾听是对对方的尊重，可以展现自己的修养，同时得到别人的理解。对于通过交流营造气场而言，倾听绝不是被动的。

　　倾听是一种理解。我们见到两个人吵架的时候，经常是抢着说话，根本就不听对方说什么。这样的沟通是完全无效的，甚至说已经不是沟通了，而是在发泄。你坐下来，认真听对方在说什么，对方会感觉被理解，自然也就对你多了一份信任和好感。等当你表达的时候，哪怕是在反驳对方刚才说的话，对方也会听你的话，也就避免了吵架，做到了有效的沟通。想要赢得对方的心，这一点非常关键。

　　倾听也有技巧。心理学家在大量采访资料的基础上，整理出了哪些技巧有助于提高倾听的质量，让对方觉得你是在真诚地听他讲话，下面便是其中的要点。

（1）姿势方面。听别人讲话的时候最好放下手头的事情，要面向讲话者。可以坐着，也可以站着，不要摆出奇怪的姿势，比如把脚放到桌子上。双手交叉抱怀是保守防卫的姿势，不要这样做，要大方舒展一些。如果是坐着，身体可以稍微前倾，表达自己对对方意见的渴望。

（2）眼神方面。要保持和说话者的眼神交流，不要一直盯着别处，摆出一副无所谓的架势；更不要一直盯着天花板，像是对对方的话不屑一顾。但也不要一直盯着对方的眼睛看，目光可以集中在对方眼睛和鼻子之间的区域，并且偶尔挪开一会儿，做到自然就好。

（3）手势方面。不要把手放在椅子扶手或者桌子上乱敲，不要在手里摆动一些小玩意，比如钥匙、手机，不要转笔；不要抓耳挠腮；有人习惯了捏手指，让每个关节都发出声响，也不要这样做。可以手指交叉放在腿上或者桌子上，可以手抚下巴，这都表示你在认真倾听或者思考。

女人要比男人更容易让对方打开心怀，也更善于倾听。这就是为什么孩子有心事更多的是找妈妈倾诉，女性有了烦恼会找闺密诉苦，而男性有什么郁闷的话，也愿意说给女性朋友听。倾听是女人的特长，女人要抓住这个特长，让它变成吸引人之处，变成自己气场的一部分。

第七章

不妥协，不将就，为自己而活

外表要温顺，内心要强大

很多女人失败的原因，并不是她们没有能力、没有诚心、没有希望，而是因为她们没有坚韧不拔的持久心，这种人做起事来往往有头无尾，东拼西凑。她们怀疑自己是否能够成功，永远决定不了自己究竟要做哪一件事，有时她们看好了一种工作，以为绝对有成功的把握，但中途又觉得还是另一件事比较顺利。这种女人到头来总是以失败告终，对她们所做的事不仅别人不敢担保，而且连她们自己也毫无把握。她们有时对目前的地位心满意足，但不久又产生种种不满的情绪。

唯有坚韧不拔才能克服任何困难。一个女人有了持久心，谁都会对她赋予完全的信任；有了持久心的女人到处都会获得别人的帮助。对于那些做事三心二意、无精打采的女人，谁都不愿信任或援助她，因为大家都知道她们做事靠不住。

坚韧，是女人克服一切困难的保障，它可以帮助年轻的女人成就一切事情，达到理想。

有了坚韧，人们在遇到大灾祸、大困苦的时候，就不会无所适从；在各种困难和打击面前，仍能顽强地生活下去。世界上没有其他东西可以代替坚韧。它是唯一的，不可缺少的。那些能成大事的女强人，没有哪一个不具有坚韧的品性。她们中有的人或许没有受过高等教育，或许有其他弱点和缺陷，但她们一定都是坚韧不拔的人。劳苦不足以让她们灰心，困难不能让她们丧志。不管遇到什么曲折，她们都会坚持、忍耐着。

以坚韧为资本去从事事业的女人，她们所取得的成功，比以金钱为资本的人更大。许多女人，尤其是年轻的女性，做事有始无终，就因为她们没有充分的坚韧力，使她们无法达到最终的目的。然而，一个能成大事的女人，一个有坚韧力的女人却绝非这样。她不管遇到什么情形，总是不肯放弃，不肯停止，而在再次失败之后，会含笑而起，以更大的决心和勇气继续前进。她不知失败为何物。

做任何事，是否不达目的不罢休，这是测验一个人品格的一种标准。坚韧是一种极为可贵的品德。许多人在情形顺利时肯随大众向前，也肯努力奋斗。但当大家都退出，都已后退时，还能够独自一人孤军奋战的人，才是难能可贵的。这需要很强的坚韧力。

对于一个希望获得成功的女人，要始终不停地问自己："我有耐性、有坚韧力吗？我能在失败之后，仍然坚持吗？我能不管任何阻碍，一直前进吗？"

你只有充分发挥自己的天赋和本能，才能找到一条连接成功的通天大道。一个下定决心就不再动摇的女人，无形之中能给人一种最可靠的保证，她做起事来一定肯于负责，一定有成功的希望。因此，我们做任何事，事先应打定一个尽善的主意，一旦主意打定之后，就千万不能再犹豫了，应该遵照已经定好的计划，按部就班地去做，不达目的绝不罢休。举个例子来说：一位建筑师打好图样之后，若完全依照图样，按部就班地去动工，一所理想的大厦不久就会成为实物，倘若这位建筑师一面建造，一面又把那张图样东改一下，西改一下，试问这座大厦还有建成之日吗？成功者的特征是：绝不因受到任何阻挠而颓丧，只知道盯住目标，勇往直前。世上绝没有一个遇事迟疑不决、优柔寡断的人能够成功。

获得成功有两个重要的前提：一是坚决，二是忍耐。人们最相信的就是意志坚决的人，当然意志坚决的人有时也会遇到艰难，碰到困苦、挫折，但他绝不会惨败得一蹶不振。我们常常听到别人问："她还在干吗？"这就是说："那个人的前途还没有绝望。"

韧性是你在极其艰苦的精神和肉体的压力下长期从事卓有成效的工作能力，忍耐力是需要你长时间付出额外的努力。坚韧是一种你想具备卓越的驾驭人的能力所必须培养的重要的个人品质。

女人要想具有这种成功品质，该如何培养呢？很简单，只要你确定人生的目标，专注于你的目标，那么你所有的思想、行动及意念都会朝着那个方向前进。韧性是身体健康的一部分，不管发生了什么情况，你必须具有坚持工作完成到底的能力。韧性是身体健康和精神饱满的一种象征，这也是你成为领导者并赢得卓越的驾驭能力所必需的一种个人品质。韧性是与勇气紧密相关的，当真正遇到困难时你所必备的一种坚持到底的能力，是需要跑上几公里还得具有百米冲刺的能力。韧性是需要忍受疼痛、疲劳、艰苦，并体现在体力上和精神上的持久力。

成为自己想要成为的人，而不是照着别人希望的样子做

女人追求完美的心态常常让自己对生活充满了奢望，忽略掉了最初的方向，也丢了初衷。其实，那些最原始的思想，就好像是空气里沁人心脾的香，永远让人难以忘怀。面对本色人生，女人何不本色出演？

也许在生活里，我们总是遇到很多烦心的事情，于是我们的心开始烦躁不安，开始发脾气，情绪化使我们失去了理性，于是就在一种恶性循环里，丢失了生活的幸福，一切都变得一团糟。这个时候，我们最好保持一颗归零的心，保持住人生的本色，不要让多变的生活扰乱了我们人生的航向。

丽莎从小就特别敏感而腼腆，她一直很胖，而且她那张脸使她看起来比实际还胖得多。丽莎有一个很古板的母亲，她认为穿漂亮衣服是一件很愚蠢的事情，她总是对丽莎说："宽衣好穿，窄衣易破。"所以丽莎从来不和其他的孩子一起做室外活动，甚至

不上体育课。她非常害羞，觉得自己和其他的人都"不一样"，完全不讨人喜欢。

长大之后，丽莎嫁给一个比她大好几岁的男人，可是她并没有改变。她丈夫一家人都很好，每个人都充满了自信。丽莎尽最大的努力要像他们一样，可是她做不到。他们为了使丽莎开朗而做的每一件事情，都只是令她更退缩到她的壳里去。丽莎变得紧张不安，躲开了所有的朋友，情形坏到她甚至怕听到门铃响。丽莎知道自己是一个失败者，又怕她的丈夫会发现这一点，所以每次他们出现在公共场合的时候，她都会刻意去模仿某个人看似优雅的动作或表情，她假装很开心，结果常常做得太过分。事后，丽莎会为这个难过好几天。最后不开心到使她觉得再活下去也没有什么意义了，丽莎开始想自杀。

一天，她的婆婆与她谈怎么教养她的几个孩子，婆婆说："不管事情怎么样，我总会要求他们保持本色。"

"保持本色！"就是这句话，在那一刹那，丽莎才发现自己之所以那么苦恼，就是因为她一直在试着让自己适应一个并不适合自己的模式。

丽莎后来回忆道："在一夜之间我整个改变了。我开始保持本色，不再去模仿任何人。我试着研究我自己的个性、自己的优点，尽我所能去学色彩和服饰知识，尽量以适合我的方式去穿衣服。主动地去交朋友，我参加了一个社团组织——起先是一个很小的社团——他们让我参加活动，把我吓坏了。可是我每发言一次，就增加一点勇气。今天我所有的快乐，是我从来没有想过可能得到的。在教养我自己的孩子时，我也总是把我从痛苦的经验中所学到的结果教给他们：'不管事情怎么样，总要保持本色。'"

故事中的丽莎在纷乱的生活中迷失了自己，总是在刻意模仿别人，模仿她认为的完美。然而，她忘记了自己，开始变得不真实。在忙忙碌碌中，许多女人都会像丽莎一样就这么不经意地丢了自己。以为什么事情都无法改变，以为自己就这样被岁月磨掉了棱角。其实，只要你保持一颗初心，无论什么时候，无论生活发生了怎样的变化，你都能找到最初的自己。不追求所谓的完美，做真正的自己，才是每个女人应有的信仰。

失去什么也不能失去自尊

女人失去什么也不能失去自尊。伟大的思想巨匠卢梭，在他的一篇著名演讲词中，曾情绪高昂地诠释自尊的力量。他说："自尊是一件宝贵的工具，是驱动一个人不断向上发展的原动力。它将全然地激励一个人体面地去追求赞美、声誉，创造成就，把他带向他人生的最高点。"

乔治·萧伯纳是 20 世纪著名的戏剧作家，他写过许多享有世界声誉的作品，深受各国人民的喜爱。

一次，萧伯纳代表英国去苏联参加一个活动。当他在大街上散步时，见到一位可爱的俄罗斯小姑娘，她胖乎乎的脸蛋、长长的辫子，俏皮极了。他忍不住停下脚步，把自己当成一个孩子一样，和小姑娘玩了起来。小姑娘也很喜欢这个和蔼可亲的外国人，和他高兴地玩了起来。

玩了很长时间，萧伯纳该走了。分别的时候，萧伯纳俯下身，一只大手放在小姑娘的脑袋上，说："你回去可以告诉你妈妈，就说今天陪你玩的，是世界上有名的剧作家萧伯纳。"

他原以为小姑娘听完以后会高兴地跳起来，没想到，小姑娘听到后却十分平静，她拉着萧伯纳的手，抬起头天真地说："哦，我不像你那么出名，我只是一个和别人一样的小姑娘而已，不过，你回去时可以告诉别人，就说今天陪你玩的，是苏联的一位小姑娘。"

萧伯纳听了，愣了一下，他意识到自己有些太自以为是了，同时也深深地佩服这位小姑娘的自信。

从那以后，每当说起此事，萧伯纳还会说，这位苏联的小姑娘是他的老师，他一辈子都忘不了她。

一位小姑娘尚且能不卑不亢，女人更应该如此。自尊自爱是一个独立自主的人所必备的品格。一个自尊自爱的人才能够赢得别人的尊重，相反，一个不懂得尊重自己的人，势必也无法赢得别人的尊重。

自尊是对自己的一种敬意，它教会了一个女人要有尊严，要爱自己的肉体和灵魂，要肯定自己，要将自立放在重要位置，而不是依靠他人，接受他人的施舍。自尊的女人非常尊重自己，自己珍视自己。正是因为尊重自己，所以她也尊重他人，由此她也博得他人的尊重。

拿出勇气，不要躲在阴暗的角落里

生活中总是有那么多的"不可能"驻扎在我们的心头，无时无刻不在吞噬着我们的理想和意志，让我们一步步在"不可能"中离自己的梦想和目标越来越遥远。其实，有太多的"不可能"只不过是一只只"纸老虎"，只要女人敢于拿出勇气来主动出击，那么，"不可能"也会变为"可能"。

J.保罗·格蒂是石油界的亿万富翁，在早期他走的是一条曲折的路。他上学的时候认为自己应该当一位作家，后来又决定从事外交工作。可是，出了校门之后，他发现自己被俄克拉荷马州迅猛发展的石油业所吸引，于是，他毫不犹豫地改行加入蓬勃发展的石油业。年轻的格蒂是有勇气的，但不是鲁莽的。虽然他头几次冒险都彻底失败了，但是在1916年，他碰上了一口高产油井，这个油井为他打下了幸运的基础——那时他才23岁。

是走运吗？当然。然而格蒂的走运是应得的，他做的每一件事都没有错。那么格蒂怎么知道这口井会产油呢？他确实不知道，尽管他已经收集了他所能得到的所有事实。"总是存在着一种机会的成分的。"他说，"你必须乐意接受这种成分。如果你一定要求有肯定的答案，那你就会捆住自己的手脚。"

廉·丹佛说："冒险意味着充分地生活。一旦你明白它将带给你多么大的幸福和快乐，你就会愿意开始这次旅行。"

只有善于抓住机会，并有勇气适度冒险的人，才会获得事业上的成功。有些人很聪明，对不测因素和风险看得太清楚了，不敢冒一点险，失去了应有的勇气，结果聪明反被聪明误，永远只能"糊口"而已。实际上，如果能从风险的转化和准备上进行谋划，并且有足够的勇气，风险其实并不可怕。

凡是要成大事者都必须要像一只船在激流中挺进，这是因为——人生就像一条河，时而旋涡，时而平缓，时而湍急。你在河流当中，可以选择较安全的方式，沿着岸边慢慢移动；也可以停止不动，或者在旋涡中不停打转。如果你有足够的勇气的话，你还可以接受挑战，用挑战来检测你的自信心。历史上有名的斯巴达人就用勇气保卫了他们的国家和人民。

波斯王薛西斯一世率领强大的军队从东边向希腊进军，他们沿着海岸行进，几天之后就会到达希腊。希腊由此陷入困境之中。希腊人下定决心抵抗入侵者，保卫他们的民众和自由。

波斯军队只有一个途径可以从东边进入希腊，那就是经由一个山和海之间的狭窄通道——瑟摩皮雷隘口。

守卫这个隘口的是斯巴达人——里欧尼达斯，他只有几千名士兵。波斯的军队比他们强大许多，但是他们充满信心。经过两天的攻击后，里欧尼达斯仍然守住了隘口。但是那天晚上，一个希腊人出卖了一个秘密：隘口不是唯一的通路。有一条长而弯曲的小径可以通到山脊上的一条小路。

叛徒的计划得逞了，守卫那条秘密小径的人受到袭击，并且被击败了。几个士兵及时逃出去报告里欧尼达斯。

面对如此严峻的形势，里欧尼达斯以大无畏的勇气制订了作战计划：他命令他大部分的军队，偷偷从山里回到需要他们保护的城市，只留下他的三百名斯巴达皇家卫兵保卫隘口。波斯人攻来了，斯巴达人坚守隘口，但是他们一个接一个倒下去了。当他们的矛断裂时，他们肩并肩站着，以他们的剑、匕首或拳头和敌人作战。

一整天，所有的斯巴达人都被杀死了，在他们原来站立的地方只有一堆尸体，而尸体上竖立着矛和剑。

薛西斯一世攻下了隘口，但是耽搁了数天。这数天让他付出了极为惨重的代价，希腊海军得以聚集起来，而且不久之后，他们便将薛西斯一世赶回亚洲了。

许多年后，希腊人在瑟摩皮雷隘口竖起了一座纪念碑，碑上刻着这些斯巴达人勇敢保卫他们家园的纪念文："旅行者，先不要赶路，驻足追念斯巴达人，在此如何奋战到最后。"

斯巴达人的勇敢与强悍举世闻名，至今几乎成为勇气的象征。他们是一群真正的勇士，并没有辱没"勇敢"这个高贵的字眼。

英国首相温斯顿·丘吉尔曾说过："一个人绝对不可以在遇到危险的威胁时，背过身去试图逃避。若这样做，只会使危险加倍。但是如果立刻面对它毫不退缩，危险便会减半。绝不要逃避任何事物，绝不！"

得到勇气的人是无法战胜的，因为无论何时他们总是充满希望，并以坚忍不拔的意志一路披荆斩，直至到达目的地。

女人要拿出你的勇气，不要躲在阴暗的角落里。当你们面对困难的时候，勇敢地去面对它、接受它，然后想办法加以克服、解决，胜利最终一定会握在你们的手里。

事业上独立，那种感觉男人给不了

很多男人会对女人说："以后不要工作了，我养你"，"我不希望你在外面受人欺负，在家做全职太太就行了""你就算是什么都不做，我也会一直爱你"。这些话是不是真的？一部分是，一部分不是。女人不能把自己的命运寄托于运气，一份独立的事业会给你男人给不了的东西。

所谓事业，有大有小，自己经营一家公司也是事业，做一名普通白领也是事业，关键是你要有一份工作，有一个开始。上班的女人和不上班的女人有什么不同？可能短期内看不出来，但时间一长，三年五年就非常明显了。

有事业的女人会有源源不断的自信。自信心这种东西不会凭空产生，但却一直都在慢慢消耗，你可以因为貌美自信，因为一双高跟鞋自信，因为烧得一手好菜自信，但等你年老色衰，等你的高跟鞋变旧过时，等你周围的人对你的厨艺习以为常，自信就会消失不见，而事业带给你的自信，则会源源不断。即便是在当今社会里，想要取得同样的业绩，女性还是要比男性付出更多努力。所以说，事业上的成功带给女性的那种自信会格外充足。此外，事业上的业绩会得到更大范围的认可，不局限于两人之间、家庭内部。自信这种东西非常奇妙，女人有了它气质完全不同，女王范儿一下子就出来了。没有自信的话，时时、事事唯唯诺诺，说话都挺不直腰杆。

有事业的女人眼界更开阔，天地更广阔。在任何时代，做事业都不是一件简单的事情，尤其是当前社会，尤其对于女人而言。要想把事业做好，你要关注各方的信息，关注社会动态，关注人心，还要不停地跟各种人、各种机构打交道。困难一直都存在，但也正是因为这样，一个人的眼界才会开阔，想问题才会站得高，这样的女人很难没有气场。相比之下，一个人在家里困顿太久，难免会对这个社会生疏。久而久之，出于人的惰性，会安于现状，不愿做出改变和调整。不考虑其他因素，单考虑人生的丰富程度而言，走出去要比待在一个地方更精彩。

辜负女人的男人常有，辜负女人的事业不多见。如果你把男人看作是唯一的寄托，那么失去这个男人的时候你会失去所有。热恋时的甜言蜜语，初婚时的你侬我侬，这都是美好的事物，甚至是永恒的回忆，但生活就是生活，变数永远存在。不要把所有鸡蛋放到一个篮子里，自然也不能把自己所有的喜怒哀乐都放在一个人身上。他可以是你生命里最重要的人，但绝不是你生命的唯一。事业是相信努力和投入的，它会无差别地对待每一个人。

很多女人有所顾虑，觉得自己成了事业上的女强人会影响夫妻感情，会影响到照顾家庭。这是一个很现实的问题，但事业和家庭两者并不冲突。

不可否认，很多男人的大男子主义情结让他们不能接受比自己更优秀的妻子。但注意一点，我们只是提倡女人要有自己的事业、自己的工作，而能取得非凡业绩的女人毕竟少之又少，大多数人只是普通人而已。但就是这很少的一部分人让大家相信，成熟的男人会欣赏自己的女人，而不是因为她强大而离开。

如何在事业和家庭两者间分配精力也是一个大问题。因为全身心投入到事业中，忽略了关照家庭，而导致最后婚姻失败，这样的例子数不胜数。女人一定要明确一点，事业固然重要，但家庭更重要。我们提倡女人有独立的事业的目的，也是为了能有一个更美好的人生，而对于一般人而言，家庭幸福是美好人生的主要组成部分。切不可为了事业牺牲家庭，那是本末倒置的做法，得不偿失。

事业给了女人自信和勇气，解放了她们的思想，增添了她们的气质，让她们魅力四射！事业给她们带来了快乐，最终转化为人生的美好和家庭的幸福。拥有一份独立的事业，这样的女人气场十足。

自动自发地去与命运抗衡

作为女人，我们要知道，虽然命运有时不因为我们的意愿而改变，但是我们可以通过自己的行动让自己变得更强，让自己自动自发地去与命运抗衡。心理学家布伯曾用一则犹太牧师的故事阐述一个观点：凡失败者，皆不知自己为何；凡成功者，皆能非常清晰地认识他自己。失败者是一个无法对情境做出确定反应的人。而成功者，在人们眼中，必是一个确定可靠、值得信任、敏锐而实在的人。

成功者总是自主性极强的人，他总是自己担负起生命的责任，而绝不会让别人驾驭自己。他们懂得必须坚持原则，同时也要有灵活运转的策略。他们善于把握时机，摸准"气候"，适时适度、有理有节。如有时需要，该出手时就出手，积极奋进，有时则需收敛锋芒，握紧拳头，静观事态；有时需要针锋相对，有时又需要互助友爱；有时需要融入群体，有时又需要潜心独处；有时需要紧张工作，有时又需要放松休闲；有时需要坚决抗衡，有时又需要果断退兵；有时需要陈述己见，有时又需要沉默以对；有时要善握良机，有时又需要静心守候。人生中，有许多既对立又统一的东西，能辩证待之，方能掌握人生的主动权。

善于驾驭自我命运的人，是最幸福的人。在生活道路上，必须善于做出抉择：不要总是让别人推着走，不要总是听凭他人摆布，而要勇于驾驭自己的命运，调控自己的情感，做自我的主宰，做命运的主人。

要驾驭命运，从近处说，要自主地选择学校，选择书本，选择朋友，选择服饰；从远处看，则要不被种种因素制约，自主地择定自己的事业、爱情和崇高的精神追求。

你的一切成功、一切成就，完全取决于你自己。

你应该掌握前进的方向，把握住目标，让目标似灯塔在高远处闪光；你得独立思考，独抒己见；你得有自己的主见，懂得自己解决自己的问题。要知道你的品格、你的作为，就是你自己思想的产物。

的确，人若失去自己，则是天下最大的不幸；而失去自主，则是人生最大的陷阱。赤橙黄绿青蓝紫，你应该有自己的一方天地和特有的色彩。相信自己、创造自己，永远比证明自己重要得多。你无疑要在骚动的、多变的世界面前，打出"自己的牌"，勇敢地亮出你自己。你该像星星、闪电，像出巢的飞鸟，果断地、毫无顾忌地向世人宣告并展示你的能力、你的风采、你的气度、你的才智。

自主之人，能傲立于世，能开拓自己的天地，得到他人的认同。勇于驾驭自己的命运，学会控制自己，规范自己的情感，善于分配好自己的精力，自主地对待求学、就业、择友，这是成功的要义。要克服依赖性，不要总是任人摆布自己的命运，让别人推着前行。

把挫折当成前进的必修课

在现代社会，写信或者和朋友告别时，人们总喜欢说"祝你一帆风顺""一路平安""一切顺利"等，从这些祝语中，我们可以看出大家都希望日子过得顺顺利利、平平安安的，没有谁喜欢挫折，渴望经历苦难。当然，万事如意是人们的美好愿望，但事实上，每个人的一生中，总免不了要经历这样或那样的挫折，只不过是轻重多寡各不相同罢了。

其实，遭遇挫折并不是坏事情。俗话说，火石不经摩擦，就不会迸发出火花，同样，女人若不遭遇挫折，生命就难以洋溢灿烂的光辉。正如巍峨的大树，其挺拔的身姿是在与狂风暴雨搏斗后磨砺出来的；精良的斧头，其锋利的斧刃是在铁匠手中千锤百炼打造出来的。一个女人如长期躲在温室里，是经不起风吹雨打的。

"自古雄才多磨难，从来纨绔少伟男"，磨难只能吓住那些性格软弱的人。对于坚强的女性来说，任何磨难都难以使她就范，相反，磨难越多、对手越强，她们的自我提升就越快，意志也越发的坚不可摧。

然而，现实中，在困境面前并不是每个女人都能逆流而上、勇往直前。许多女人颇有才学，具备种种获得上司赏识的能力，却有个致命弱点——缺乏挑战的勇气，只愿做职场中谨小慎微的"安全专家"。她们害怕失败，好逸恶劳，对工作中不时出现的困难，不敢主动发起"进攻"，一躲再躲，恨不能避到天涯海角。结果，她们终其一生只能从事一些平庸的工作。

富兰克林说："听凭环境的控制，屈从于命运的支配，只是禽兽草木而已。"王尔德说："我们不可受环境的支配，应该去支配环境；不可接受命运的局限，应该去创造命运。"可以说，时运、气数、环境、命运只拘得住凡夫俗子，却拘不住强者。生活不可能静如止水，我们随时都可能面对各种变故，或遭遇失败、挫折，或遭遇厄运、灾祸。当这些不如意之事来临时，我们要想改变逆境，首先要做的便是学会驾驭命运，只要沉得住气，坚持不懈，积极应对，我们最终必定能改变不利于自己发展的环境，成为驾驭环境的能手。

一个长期在公司底层挣扎、时刻面临失业危险的中年人被老板叫到办公室。他回来后向同事抱怨："老板居然派我去海外营销部，像我这样一大把年纪的人，怎么能受这样的折腾呢？"他神情激动，抱怨老板给他的任务。

同事小杨回答道："为什么你会认为这是折腾，而不认为是公司锻炼你的一个机会呢？"

中年人回答道："你难道没看出来，老板就是整我。公司本部有那么多的职位，为什么不提升我，而让我这么一大把年纪的人去受那份罪呢？"

最后，他放弃了老板给他的机会，而小杨却主动向老板请缨，说自己愿意去海外营销部接受锻炼。

三年后，小杨回国，她已经完全能胜任自己的工作，受到了老板的倚重。

"职场勇士"与"职场懦夫"在上司心目中的地位有天壤之别，根本无法并驾齐驱、相提并论。一位上司描述自己心目中的理想员工时说："我们所急需的人才，是有奋斗进取精神，勇于向'高难度任务'挑战的员工。"

生命是自己的，女人想活得积极而有意义，就要经受住考验，勇敢地接受各种挑战。面对困难不畏惧、不逃避，沉住气，坦然接受这种人生的历练，最终会得到更多。

即便是家庭主妇，也不能放弃理想

在现实生活中，很多女性从未对自己在婚前婚后的反差进行过思考：我为什么会在结婚几年后，变成了一个迷迷糊糊的家庭主妇？变成一个只关心油盐酱醋和丈夫、孩子的市井妇人？如果她们能沿着这条思路追根溯源想下去，就会发现问题的症结，即大多数女性在结婚后总是沿着"女主内、男主外"这样一种传统的思维定式，确立自己在家庭与社会中的角色，并自觉放弃理想和进取精神，以辅助丈夫的"事业"为名而把精力都用在操持家务和孩子上，从此不再参与社会竞争，满足于知足常乐的物质生活程序，并以争做贤内助角色为荣，却从没想过这样的生活将导致什么样的结局。

事实是，一个女性如果自愿放弃对理想的追求而满足于平庸乏味的家庭生活，那么岁月将很快把她的灵魂腐蚀。不用多久，她就会变成一个絮絮叨叨、琐琐碎碎的家庭主妇，变成一个生孩子、持家、算计收入和花销的让人无法亲近的世俗女人。在现实生活中，恐怕没有多少女人知道这样一个辩证法则：当女人丧失理想或精神支撑以后，她们的神韵、风貌、气质、形象乃至灵魂都会因缺乏理想的润泽而在岁月推移中日渐流失。

当今社会，特别是知识女性，她们最怕在婚后或者有了孩子之后做家庭妇女。她们和传统的家庭妇女不一样，传统的家庭妇女认识到自己只能做丈夫的贤内助，很自然会一切以丈夫为中心；现代的知识女性则不同，她们有能力自己独立生活。一旦要成为全职太太，就很难适应不一样的生活了。

首先，她们不适应家庭妇女的身份，她们心里总有一种不甘，这种压抑的心理长期发展，会使人的心理变得不健康。

知识女性从人格上就认为自己和丈夫是平等的，不像传统妇女那样依赖丈夫，而丈夫若仍按照传统家庭妇女的要求来要求妻子，两个人的矛盾就会很明显。

另外，知识女性在学识上很难让自己落后于时代，真做了家庭妇女之后，在很多方面就会显得孤陋寡闻，这才是最让女人受不了的地方。

刘娜就是这样的女人。她曾经这样讲述自己的经历：

我 2000 年本科毕业，一直从事文秘工作。生儿子时我 30 岁，儿子 1 岁的时候，我本想出去重新找工作。但疼爱我的老公却不愿意我再出去奔波，他说："你还是在家里相夫教子吧，我又不是不能养家糊口。"

老公是某美资公司的高级经理，收入足以保证我们过上优质的生活。但我不愿意荒废青春，还是尝试着去找工作。然而让我感到恐怖的是，虽然才脱离社会一年多，我却几乎跟不上时代变化了，别说找令自己满意的工作，就是一般的秘书工作都找不到。

于是，瞎找了一段时间之后，我也就习惯了做家庭主妇，每天带带孩子、牵着小狗遛街、做美容、逛商场超市……很多当年的同学和朋友都羡慕我有好福气，嫁了个好老公，可是我内心却充满了失落和不安。

老公每天都很忙，有时候忙到晚上十一二点才回家，以往在睡觉前我们都会谈谈心，可是现在我发现和老公的共同语言越来越少了，我根本就跟不上老公的节奏，老公有时候会开玩笑说自己是"对牛弹琴"。

如有朋友聚会，他们说的话题让我觉得很陌生。同时，我也开始担心我和老公的感情。我开始经常掏老公口袋、查看他手机等，我试图找到某些蛛丝马迹，而找不到又会怀疑老公手段高明，早在回家前就消灭了一切证据。有几次我还悄悄跟踪过老公，这种情况严重影响了我们的感情。

开始老公对我的行为只是感到莫名其妙和好笑，后来慢慢受不了了，就开始吵架。有一次，老公由于一个项目很重要，连续一个星期都很晚才回家，有两次还喝醉了，身上还有女人的香水味。我缠着他不准睡觉，非得让他解释身上的香水味是从哪里来的。丈夫喝得晕乎乎的，只想睡觉，没精力向我解释，被我吵得没办法，只好到客厅去睡。但我还是不依不饶，不停地问他："告诉我，是哪个狐狸精留下的？不说就不准睡。"在我一再纠缠下，他终于被激怒了，对我大声吼道："你怎么会变成这个样子？吃饱了撑的，这么多疑，告诉你了，我是工作上的应酬。这日子没法过了！"

我也不甘示弱，那一夜我们通宵没睡。第二天老公上班由于精力不好连出了几次错误。回家后很生气，我们之间发生了更激烈的冲突，后来开始分居了。

　　冷静一段时间后，我和老公都觉得这种情况主要是我没工作太无聊所致。于是，他让我找份轻松点的工作。重新工作之后，尽管我的工作很简单，但是我接触社会的面广了，一段时间下来，也交了不少朋友，见识广了，懂的东西多了，和老公聊天的时候，我不再是"有心无力"跟不上节奏，甚至有时还能帮老公出一些主意。

　　"回家"的女人待在家里难免会胡思乱想。换句话说，如果妻子全身心都"回家"，一心一意扮演家庭主妇的角色，结果必然导致夫妻在心灵与精神方面日益拉大距离，多年后他们就会变得无话可说。而当夫妻话不投机或彼此听不懂对方在说什么时，分手就只是一个时间问题了。所以，女人即使为了保护自己、维护婚姻关系的健康发展，也不应该将身心都沉溺在家庭主妇的角色中。相反，应该保持着与世界同步的活跃姿态，这样才会使自己始终与丈夫保持着精神层面上的亲和力。